강릉
밥상

강릉
밥상

있는 그대로 강릉, 38가지 사계절 음식 이야기

펴낸날 | 2024년 6월 28일

지은이 | 최현숙

편집 | 정미영
디자인 | jipeong
마케팅 | 홍석근

펴낸곳 | 도서출판 평사리 Common Life Books
출판신고 | 제313-2004-172 (2004년 7월 1일)
주 소 | 경기도 고양시 덕양구 중앙로588번길 16-16, 7층
전 화 | 02-706-1970 팩 스 | 02-706-1971
전자우편 | commonlifebooks@gmail.com

최현숙 ⓒ 2024
ISBN 979-11-6023-347-6 (03980)

  이 책은 강원특별자치도와 강원문화재단의 후원으로 발간되었습니다.

있는 그대로 강릉,
38가지 사계절 음식 이야기

강릉
밥상

최현숙 글그림

평사리

여는 글

백두대간 동편에 위치한 강릉은 평야와 하천이 있고 해산물이 풍부한 바다가 있다. 또한 험준한 대관령에 가로막혀 강릉만의 독특한 문화와 말도 잘 보존되어 왔다. 음식에는 지역의 문화와 역사, 자연환경, 사람들의 삶이 담겨 있다. '내가 먹는 음식이 곧 나를 말해 준다.'는 말처럼 강릉 사람의 성품을 닮은 강릉 밥상은 화려하거나 자극적이지 않다.

늘 익숙하게 먹었던 강릉의 향토 음식을 타 지역 사람들이 낯설어 한다는 사실이 의아했다. 그래서 강릉 사람들이 오랜 세월 먹어온 지역 음식에는 어떤 특징이 있는지 알아보고, 관련한 스토리를 발굴해 기록을 남기는 것이 의미 있는 일이라 생각했다.

강릉의 전통 향토 식재료 중에는 환경 변화로 인해 이제는 먹을수 없는 것들이 많아졌음을 자료 조사를 하면서 알게 되었다. 너무 안타까웠다. 해조류 가운데 누덕나물, 고르매, 지누아리가 대표적이다. 또한 동해안에서 명태가 잡히지 않은 지 오래되었고, 오징어도 바다 수온 상승으로 잡히는 양이 현저히 줄어 지금은 귀한 몸값

이다. 경포호에서 잡았던 부새우도 포획 금지 정책과 환경 변화로
보기 어려워졌다.

지역 음식을 만드는 법을 알고 있는 분들이 고령화하면서 하루
빨리 채록해 기록물을 남겨야 한다는 조급함에서 일을 시작했다.
그러다 보니 강릉 음식 이야기를 들려준 분들의 인생 이야기도 들
을 수 있어서 의미 있었다.

책의 구성은 강릉에서 생산되는 지역 식재료와 전통적으로 먹
어 왔던 음식 38가지를 봄·여름·가을·겨울의 맛과, 추억이 담긴 별
미로 분류했다. 음식에 담긴 이야기를 통해 추억을 떠올리고 감성
이 느껴지도록 색연필로 그림을 그렸다. 요즘 웬만한 사진은 인터
넷으로 검색하면 찾을 수 있기에 식재료 사진은 따로 싣지 않았다.

음식 이야기를 들려주신 분에게 자신만의 음식 조리 방법을 손
글씨로 써 달라고 부탁했다. 음식을 만들던 정성과 숨결이 담긴 글
씨는 읽는 사람의 마음에 온기를 불어넣어 주었다. 지면 관계상 손
글씨를 그대로 싣지 못한 점이 아쉽다.

하얀 밥풀 같은 이팝나무 꽃송이가 피는 계절에 그리움 담은 사
계절 『강릉 밥상』을 펼쳐 보인다.

저자 최현숙

차례

가을, 맛

겨울, 맛

맛과 추억으로 빛나는 별식

봄, 맛

봄이면 논둑이나 산에 나물이 지천에 돋아난다. 별것 아닌 것 같아
도 하나하나 보면 다 귀하다. 요즘은 환경 오염이 심해지다 보니
깨끗한 나물 뜯기도 어렵고 돈을 주고 사도 안심이 되지 않는다.
그래도 푸른 새싹으로 올라오는 연한 봄나물을 뜯어 반찬으로 먹
으면 보약만큼 좋다. 봄기운을 머금고 바다에서 오는 풍성한 해초
들도 입맛을 돋운다.

사천 해안에서 자란 달콤한 새순 맛,
갯방풍죽

갯방풍은 바닷가 모래땅이나 해안 사구에서 자라는 식물이다. 해
안이 넓고 길게 펼쳐진 강릉 바닷가에서는 예전에 쉽게 구할 수 있
었다. 풍을 예방해 준다고 해서 방풍이라 불렀다.

갯방풍은 촘촘한 20~40개의 작은 하얀 꽃들이 수북하게 피어
예쁘다. 잎은 타원형으로 가장자리에 잔 톱니가 있는데 특유의 향
이 있어 쌉싸름하면서 상쾌한 맛이 난다. 이른 봄 모래 속에서 녹
색의 여린 싹이 나오며, 우엉처럼 긴 뿌리가 땅속 깊이 뻗어 자란
다. 예전 강릉에서는 불(모래)에서 나는 삼蔘이라고 불릴 정도로 뿌
리는 뿌리대로 잎은 잎대로 먹는 건강식품으로 여겼다.

《홍길동전》의 저자 허균이 귀양살이 중 전에 먹었던 음식맛이
떠올라 쓴《도문대작屠門大嚼》에는 17세기 우리나라 팔도의 토산
품과 별미 음식이 소개되어 있다. 허균의 외가는 갯방풍이 많이 나

는 강릉 사천이었다. 그는《도문대작》에 '2월이면 강릉 바닷가에서 해뜨기 전 이슬을 맞으며 처음 돋은 싹을 따 놓고, 곱게 찧은 쌀로 끓인 죽이 반쯤 익으면 방풍의 싹을 넣는다. 다 끓으면 차가운 사기그릇에 담아 뜨거울 때 먹는데 달콤한 향기가 입안에 가득하여 3일 동안 가시지 않으니 세속에서는 참으로 상품의 진미다.'라고 방풍에 대한 칭찬의 글을 남겨 놓았다.

그밖에 강릉시농업기술센터에서 발간한 갯방풍재배기술 교재를 보면 "허준의《동의보감》에는 '갯방풍의 성질은 따뜻하며 맛이 달고 독이 없다. 뿌리는 중풍과 통풍을 막으며, 오장을 좋게 하고, 발한·해열·진통제로 사용한다. 꽃은 명치 밑이 아프고 팔다리가 약해지며 경맥이 허하여 몸이 여윈 데 쓴다.'라고 기록되어 있다. 최남선의《조선문답》에도 '강릉의 이름난 음식으로 방풍죽을 만들어 먹기도 하며, 방풍 나물무침, 술, 차로 만들어 먹는다.'고 소개하고 있다."라는 내용이 나온다.

향토 음식 연구가들이《도문대작》에 나오는 대로 음식을 만들어 봤더니 요즘 사람들 입맛에는 맞지 않았다. 향과 맛이 강했기 때문이다. 그래서 입맛에 맞게 양을 조절해 방풍죽, 방풍멍개비빔밥, 방풍해물찜, 방풍장아찌, 방풍기정떡, 방풍국수, 방풍주, 갯방풍엿을 만들어 상품화하려는 노력을 하고 있다.

강릉시농업기술센터에서 갯방풍을 알리고 보급하기 위한 연구

를 계속하고 있는 황대근 농업연구사는 이렇게 설명한다.

　방풍은 크게 세 종류인데, 약으로 쓰이는 원방풍, 흔히 방풍나물이라
부르는 식방풍, 그리고 해안 사구에서 자라는 갯방풍이 있습니다. 갯방
풍은 수확 시기를 놓치면 억세지기 때문에 상품 가치가 떨어져 시장성
이 부족해집니다. 나물을 데치는 시간도 일반 나물보다 더 시간을 둬야
하지요. 그래서 햇빛을 차단하고 키워 짧은 기간 동안에 키운 어린 싹을
식용으로 하거나, 숙근초 등의 뿌리나 줄기를 묻어 움을 트게 해 그 싹을
식용으로 이용하는 것을 얻기도 했습니다.
　강릉시농업기술센터에서 운영하는 '솔향농원'에서는 희망하는 지역

농장에 시범적으로 갯방풍 모종을 나누어 주고 재배 기술을 지원하고 있습니다. 갯방풍은 바닷가에서 자생하지만 강릉시 왕산면 같은 육지에서도 잘 자랐습니다.

갯방풍은 현재 산림청 지정 희귀식물로 보호받고 있다. 해수욕장과 위락 시설 개발로 해안 사구가 사라진 데다 무분별한 채취로 뿌리째 뽑혀 나갔기 때문이다. 항균성·항산화성 약효가 높다는 이유로 일부 몰지각한 사람들에 의해 소중한 해변 자원이 훼손되어 안타깝다.

봄이 되어 새로 돋아난 갯방풍의 새순 맛을 볼 수 있다면 남들보다 한발 앞서 봄 향기를 느낄 수 있을 것이다. 방풍 뿌리를 삼계탕과 어죽에 넣어 끓이면 잡냄새가 제거되고 영양과 맛이 향상된다니 갯방풍은 버릴 것이 없다.

긍정적인 에너지를 주변 사람들에게 나누어 주는 권무열 어르신은 'KBS 6시 내고향'에 수년 전 출연해 강릉의 전통먹거리로 갯방풍죽과 전을 만들어 보였다. 권무열(1948년생) 어르신은 사라져 가는 음식을 복원해 보급했다는 점에서 자긍심을 갖고 있다. 초당에서 〈도문대작〉을 운영하며 갯방풍죽을 팔기도 했다. 이번에도 갯방풍에 대한 정보와 조리법을 나누어 주셨다.

권무열의 갯방풍죽 끓이기

● 방풍을 깨끗이 씻어 국물을 우려낸 뒤 물은 그대로 두고 방풍만 건져 내어 채를 썬다.

● 쌀은 방풍을 삶아 낸 물에 끓이면 되는데, 쌀이 퍼지면 덧물을 붓고 잘 저어 주며 한소끔 더 끓인다.

● 채 썬 방풍은 고명으로 쓸 양만 남겨 두고 나머지는 죽에 넣어 같이 끓인다.

● 쌀이 퍼지면서 죽이 되면 그릇에 담은 뒤 채 썬 방풍을 고명으로 얹어 소금을 곁들이면 된다. 이때 참깨, 달걀 지단, 당근 다진 것을 과하지 않게 넣어 색의 조화를 맞춘다.

◎ 방풍죽의 색을 살리기 위해 잎을 믹서기에 갈아 넣으면 보기에도 먹음직하다.

해풍 맞고 자란 뽀얀 솜털 잎,

쑥전

한겨울 추위를 견디고 땅속에서 올라온 쑥은 봄의 전령사다. 쑥은 파릇파릇 새싹을 돋우며 질긴 생명력을 보여 준다. 햇볕이 잘 드는 땅이면 어디서든 잘 자란다. 뽀얀 솜털 달고 사방으로 뻗은 잎은 봄바람이 흔들어도 끄떡없다. 따뜻한 성질을 가진 쑥은 털이 하얗게 보이는 것이 향이 더 은은하다. 위를 튼튼하게 하고 각종 미네랄과 칼슘, 칼륨이 많이 함유된 쑥은 약효도 으뜸이다.

강릉 바닷가에서 해풍을 맞으며 자란 쑥은 향기가 독하지 않고 부드럽다. 산길을 걷다 초록 융단처럼 깔린 쑥을 만나면 발걸음을 멈추고 쑥을 캔다. 향긋한 쑥향은 땅의 기운을 전해 주는 것 같다.

한 번에 많은 쑥을 먹으려면 쑥전을 부쳐 먹으면 된다. 쑥은 살랑살랑 흙을 털면서 깨끗하게 씻는다. 그런 뒤 밀가루를 묻히는데, 이때 젓가락으로 쑥에 밀가루를 살짝 씌운다는 느낌으로 뒤적여 반죽을 만든다. 줄기와 잎이 뭉개지지 않게 가닥가닥 떼어 낸다. 달걀을 하나 깨뜨려 넣고, 양파도 얇게 채 썰어 넣으면 감칠맛이 돈다. 조개나 오징어 같은 해물을 넣으면 더 맛있다.

쑥 반죽이 잘 되었으면 프라이팬에 기름을 얇게 두른 뒤 반죽을 숟가락으로 꼭꼭 눌러 펴서 부쳐 낸다. 기름 온도가 너무 낮으면 밀가루 반죽이 기름을 먹어 눅눅하고 늘렁해진다. 기름을 넉넉히 두르고 약간 높은 온도에서 지지면 노릇노릇하고 바삭하다. 금방 부쳐 낸 쑥전은 향긋하고 고소하다. 한입 가득 넣으면 은은한 향과 쫀득한 식감이 입안에 퍼진다.

쑥을 캐다 보면 쑥이 자라는 모습과 사람살이가 닮았다는 생각이 든다. 자동차나 사람들이 많이 지나다니는 도로가에 핀 쑥은 더 억세다. 주인의 발걸음이 자주 닿는 텃밭에서 자라는 쑥은 더 연하다. 도로가의 쑥은 매연과 소음 같은 거친 환경에 노출되어 있고, 텃밭에서 자라는 쑥은 주인의 관심 덕분인가 보다..

그러고 보면 사람도 어떤 환경에서 자라느냐가 중요한 것 같다. 그렇지만 저 혼자 햇살과 바람과 이슬을 품고 예쁘게 숲에서 잘 자라는 쑥들도 있다. 사람도 그렇다.

봄 한 철 즐겨 먹는 쑥전을 그려 보았다.

최현숙의 쑥전 부치기

① 쑥을 뜯어 흐르는 물에 깨끗하게 씻은 뒤 2~3센티미터 쫑쫑 썬다.

② 양파와 대파도 얇게 채 썰고 매콤한 맛을 원하면 청양고추를 넣어도 좋다.

③ 그릇에 위의 재료, 밀가루나 부침가루, 물, 달걀을 넣고 잘 섞은 뒤 소금으로 간
을 한다. 조개나 오징어, 새우와 같은 해물을 함께 넣으면 영양이 더해져 맛
있다.

④ 팬에 기름을 넉넉히 두르고 반죽을 얇게 펼친 후 앞뒤로 노릇노릇 익힌다.

⑤ 바삭하게 익은 향긋한 쑥전을 양념장에 찍어 먹는다.

해살이마을의 쌉싸름한 보약,
개두릅

연둣빛 물이 오르는 봄은 산나물의 계절이다. 강릉 사람들이 좋아하는 산나물인 개두릅은 음나무 가지에 돋은 새순을 일컫는다. 옛 사람들은 음나무에 돋은 가시가 귀신이나 도깨비를 쫓아낼 것이라 생각해 울타리에 심기도 했다. 귀신을 쫓는 나무라는 생각 때문에 여린 순을 못 따게 했다가 그 맛에 반해 먹기 시작했을 것이다. 맛 좋은 개두릅에 하찮게 여기는 것에 붙이는 접두사 '개'를 왜 붙였는지 이해가 되지 않는다. '개두릅'은 이름처럼 쓸데없는 나물이 아니다. '참두릅'에 비해 맛이나 영양이 절대 뒤지지 않는다. 개두릅은 인삼처럼 사포닌이 많아 항암 효과도 높아서 산삼 나물이라고 불렀다. 산나물로는 드물게 미네랄과 식이 섬유가 풍부해 위경련이나 위궤양 같은 위장병 치료에 도움을 준다. 그런 효능 때문에 조상들은 예로부터 음나무를 한약재로 써 왔다.

개두릅은 30여 년 전만 해도 아는 사람만 먹었다. 주로 산기슭이나 골짜기에서 자라던 음나무였기에 개두릅은 시골 장날에나 볼 수 있었다. 하지만 이제는 재배가 가능해졌다. 가지를 잘라 순을 올리는 참두릅과 달리 개두릅은 음나무에서 자연 상태로 자란다. 재배라 해도 자연산 그대로라고 보면 된다.

강릉 사천면 해살이마을은 개두릅 재배 단지로 유명하다. 매년 4월이면 개두릅축제도 연다. 강릉에서 생산되는 개두릅은 전국 대비 40퍼센트를 차지할 정도로 양이 많다. 4월에서 5월 초까지 한시적으로 먹을 수 있는데, 쌉싸름하고 향긋한 개두릅나물의 연한 식감은 특별하다. 삶아서 냉동 보관할 때는 개두릅 삶은 물을 버리지 말고 남겨 두었다가 함께 넣어 얼리면 개두릅의 향이나 식감을 잘 보존할 수 있다.

개두릅뿐만 아니라 봄나물을 사계절 내내 맛있게 먹는 방법도 마찬가지다. 살짝 데쳐 물기를 짜지 않고 흥건한 상태에서 먹을 만큼 비닐에 담아 냉동 보관했다가 먹고 싶을 때 해동해 먹으면 된다. 나물의 물기를 꽉 짜서 냉동 보관하면 나물이 말라서 질기고 맛이 없어진다.

음나무에서 딴 개두릅은 잎과 줄기가 연해 상온에 조금만 놔두어도 잎이 시든다. 따라서 연할 때 쌈도 싸 먹고 약간의 소금을 묻혀 들기름 넣고 무쳐 먹어도 좋다. 개두릅나물밥, 개두릅김밥, 개

두릅장아찌로 만들어 먹어도 맛있다. 달걀을 풀어 표고버섯을 송송 썰어 넣고 부침개로 해 먹으면 영양 가득한 보약이 된다. 좋은 사람들과 함께하는 개두릅전과 막걸리 한 잔이면 마음은 행복으로 가득해진다. 춘곤증으로 나른해지기 쉬운 봄날 입맛 돋우는 개두릅의 아삭한 식감과 쌉싸래한 향은 몸과 마음의 피로까지 날려준다.

강릉시 사천면에 사는 박순옥 시인은 뜰에 가득 꽃을 가꾸고, 그

림을 그리고, 한 땀 한 땀 바느질로 옷을 만들며 살아가고 있다. 그
녀는 자신이 살아온 이야기를 시집 『행복도 수선해야 온전하다』에
담아냈다. 또 자신이 사는 곳의 풍경을 담은 그림을 그려 2021년
국토해양부 전국 그림 공모전에서 우수상을 받기도 했다. 음식 솜
씨도 좋아 개두릅 요리는 물론이고 개두릅나물 말리는 법까지 알
려 주셨다. 박순옥 시인은 1948년생으로 사천면 미노리에 살며, 〈시향
에 꽃물 드는 집〉을 가꾸고 있다.

박순옥의 개두릅나물무침

① 개두릅의 연한 순을 뚝뚝 따서 살짝 데친다.

② 그대로 초장에 찍어 먹어도 되고, 소금이나 간장 양념으로 무쳐 먹어도 좋다.
쌉쌀한 나물 향 때문에 참기름보다는 들기름을 넣어 무치면 더 맛있다.

개두릅묵나물

① 연한 것보다 조금 웃자란 개두릅을 손질해 데친다. 이때 너무 푹 삶아도 안 되
고 슬쩍 데쳐도 뻣뻣해진다. 말랑하다 싶으면 건져 낸다.

② 묵나물로 말릴 때는 뜨거울 때 건져서 헹구지 말고 바로 넣어 말린다. 촉촉할
때 삭삭 비벼 가며 말려야 부드럽다.

③ 말린 묵나물을 먹을 때는 물에 하룻밤 정도 담가 불린 다음 끓는 물에 5분 정도
삶는다.

④ 데친 묵나물에 파, 마늘, 깨소금, 들기름, 간장을 넣어 팬에다 달달 볶아 무친다. 묵나물은 그냥 무치지 말고 반드시 팬에 볶아야 물냄새도 없어지고 오래 두고 먹을 수 있다.

개두릅장아찌

❶ 손질한 개두릅을 깨끗하게 씻어 물기를 말린다.

❷ 간장, 식초, 청주, 설탕물을 같은 비율로 해서 절임장을 만들어 그릇에 차곡차곡 담은 나물 위에 붓는다.

❸ 일주일 정도 지난 후 먹는다. 너무 오래 두면 시커멓게 변하니 빨리 먹어야 살아 있는 개두릅 향을 느낄 수 있다.

◎ 예전에 개두릅은 깊은 산에서 자생했다. 큰나무는 가시도 무섭고 채취가 힘들었다. 사람들은 많이 따고 싶은 욕심에 마구 나무를 베어 넘기고 잎을 따냈다. 그러다 보니, 이제는 토종 자연 개두릅의 씨가 마를 지경이다.

모심기 일꾼들의 입맛을 잡던 산나물,
누르대

누르대는 독특한 향이 있는 식물이다. 누릿대, 누룩치라고도 불린다. 얼핏 보면 잎줄기가 당귀와 비슷하지만 누르대는 당귀와 달리 각이 없고 둥글다. 뿌리는 독성이 강해 연한 잎과 줄기만 먹는다.

어렸을 때는 누르대 같은 나물에 대해 알지도 못했고 먹지도 않았다. 결혼 후 남편이 워낙 누르대를 좋아해 강릉중앙시장이나 영동지방 오일장을 찾아다니며 구입했다. 향이 독특해 처음에는 먹기가 힘들었다. 노린내 비슷한 향기가 역겹기도 하고 아린 맛이 났기 때문이다. 그런데 계속 먹다 보니 누르대 특유의 맛에 매료되었다.

누르대는 깨끗이 씻어 물기를 털어 내고 말린 다음 고추장과 버무려 시원한 곳에 두고 먹거나, 된장에 재워 장아찌로 만들어 먹는다. 즉석에서 먹으려면 연한 잎과 줄기를 새콤달콤한 초고추장에 무쳐 먹으면 되는데, 특유의 맛에 입맛이 돌아올 정도로 정신이 번쩍 난다. 또, 고추장 속에 누르대를 박아 두면 꼬물꼬물한 가시가 생기지 않으며, 된장 속에 박아 두면 된장 맛이 깊어지고 구수해진다.

강릉을 비롯한 진부나 평창에서는 봄에 모를 심을 때 누르대 반찬을 내놓지 않는 집에는 일꾼들이 일하러 가지 않는다는 말이 있을 정도로 누르대는 인기 있는 산나물이었다. 뜨거운 햇볕 아래 모를 심는 일은 힘든 노동이었고, 일꾼들은 식사와 참까지 5~6번 식사를 할 정도로 먹는 양도 많았기에, 위장을 보호하고 소화가 잘되도록 하기 위해서 누르대가 필요하다는 것을 옛사람들은 경험으로 알았던 것 같다. 배가 아플 때나 산모가 젖이 잘 나오지 않을 때도 누르대를 먹었다.

약리 실험을 해 보니 누르대는 항염증을 치료하고, 혈관을 깨끗하게 하며, 암세포 전이를 억제하는 데 우수한 효능이 있다는 결과가 나왔다. 특히 구강암을 예방하는 제품을 만드는 재료로써 가치가 있어 관련 연구에 관심을 가져야 할 산나물이다. 또 사람의 소화 효소에 누르대 추출물을 첨가하는 실험을 했더니 전분은 1.9배, 단백질은 4배로 소화력이 높아졌다고 한다. 그래서일까, 옛사람들은 고기를 먹을 때 누르대와 같이 먹었다.

누르대는 평지에서 재배하기 어렵고, 고산 지대 햇볕이 잘 들고

습기가 있는 부엽토에서 잘 자란다. 씨앗이 발아하는 양이나 속도
가 다른 식물에 비해 낮은데, 환경 변화 때문인지 누르대가 자라는
군락지마저 줄고 있다니 안타깝다.

　누르대무침과 장아찌를 만드는 방법을 알려 준 박순옥 님은 산
에 가서 누르대를 캐 온 아버지에 대한 그리움 때문에 이야기를 나
누는 내내 눈시울을 붉혔다. 1948년에 때어난 박순옥 님은 사천면
미노리에서 시를 쓰고 그림을 그리며 꽃과 함께 산다.

박순옥의 누르대무침

● 누르대는 싱싱할 때, 셀러리처럼 대궁을 뚝뚝 꺾어 고추장에 찍어 먹어도 되

고, 총총 썰어 갖은 양념과 함께 고추장이나 된장에 무쳐 먹는다.

❷ 누르대는 고추장 단지에 박아 두었다가 장아찌로도 먹는다.

❸ 누르대는 누린내 때문에 못 먹는 사람도 있지만 뒷맛이 향긋해 즐겨 찾는 이가 많다.

◎ 어렸을 때, 아버지가 노축산이나 발왕산처럼 깊은 산에서 누르대를 캐 오셔서 먹었던 추억이 있다. 아주 귀한 토종 자연산이라고 총총 썰어 어머니가 고추장, 들기름에 무쳐 주셨다. 아버지는 감자밥에 썩썩 비벼서 일등 요리라며 맛있게 드셨다. 그 모습이 눈에 생생하다.

각종 해초를 긁어모아 김처럼 말린,
누덕나물

누덕나물은 해초류인데 매년 3월 초부터 한 일주일 정도 짧은 기간 채취할 수 있었다. 바위에 붙어 있는 돌김과 파래, 고르매 같은 해초들을 긁어모아 김처럼 말려 먹었던 해초류 종합선물세트가 누덕나물이다.

예전에 수심이 깊은 강릉 바닷가인 안인이나 정동에서 나던 해초류들이 이제 보이지 않는다. 2년 전부터 누덕나물 생산량도 줄었다는 이야기를 강릉중앙시장에서 50년째 건어물 가게를 하고 있는 〈삼일상회〉 임성택 님에게 들었다. 강원도 북쪽 거진, 아야진, 대진 지역에서 조금씩 나온다는 소식만 들린다. 지구 온난화로 바다 수온이 높아진 게 문제가 아닌가 짐작만 할 뿐이다. 겨울철 모자랐던 비타민과 무기질을 공급해 준 누덕나물은 고마운 해초다. 정월 대보름이나 모내기 철에 못밥이 나갈 때 밑반찬으로 인기가

있었던 귀한 식재료였다.

누덕나물은 삶아서 무쳐 먹거나 말린 것을 김처럼 팬에 굽거나 살짝 구워 먹었다. 기름을 바르는 솔이 없을 때는 솔잎을 손에 쥐고 바르거나 숟가락 등을 이용해 기름을 발랐다. 먹어 보고 싱거우면 조리할 때는 소금 간을 약간 하거나 설탕을 살짝 뿌려 먹어도 된다.

누덕나물 조리법은 강릉중앙시장 〈삼일상회〉 김순남(1952년생)님이 알려 주셨다.

김순남의 누덕나물 조리법

① 바다에서 채취한 누덕나물을 말린다.

② 간혹 모래가 있을 수 있으므로 방망이로 밀어서 털어 낸다.

③ 들기름과 콩기름을 1:2 비율로 섞어 한 면에 발라 굽는다.

④ 먹어 보고 싱거우면 약간의 소금으로 밑간을 한다.

김보다 더 고소한,
고르매

고르매는 속이 비고 가시가 없는 원기둥 모양의 해초이다. '고리매'
라고도 부른다. 차가운 바다에서 나는 고르매는 비타민과 무기질
이 듬뿍 들어 있다. 김이나 미역과 비슷한 색인데, 맛은 김보다 더
고소하다. 겨울에 눈이 많이 오고 추울 때 고르매는 더 잘 자란다.

  고르매는 파도가 바위와 만나 일렁이는 얕은 바다의 바위에 붙
어 있기 때문에 과거에 고르매를 채취할 때에는 긴 장대 같은 도
구로 건져 냈다. 이렇게 건져진 고르매를 받쳐 물기를 빼서 대나무
발같이 바람이 잘 통하는 곳에 고르게 편 다음 말렸다. 고리로 건
져서 '고리매'인지, 납작하게 고르게 잘 펴서 말린 거라고 '고르매'
라 이름 붙인 건지도 모르겠다.

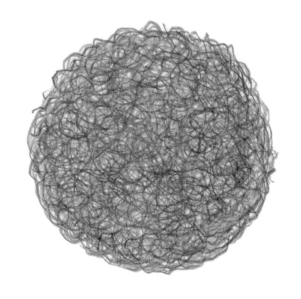

고르매는 약간 짭조름하기에 조리할 때 소금 간을 하지 않는다. 프라이팬에 기름을 두르고 말린 고르매를 한 번 넣었다 꺼내면 앞뒤로 파릇하게 색이 변하고 빳빳하던 질감이 바삭한 느낌으로 변해 맛있어 보인다.

지금은 고르매가 잘 생산되지 않기에 찾는 수요를 충당하지 못해 귀한 몸이 되었고 가격도 비싸졌다. 그래서 강릉중앙시장 건어물 가게에서는 깊숙한 냉동 창고에 보관해 두었다가 팔기도 한다.

누덕나물과 고르매가 같은 것인 줄 알았는데 다르다는 것을 알려준 강릉중앙시장 〈삼일상회〉 김순남 님이 고르매자반 만드는 방법도 알려 주셨다.

1. 바다에서 채취해 건조한 고르매를 먹기 좋게 4~5센티미터로 자른다.

2. 구울 때는 팬에 기름을 잘박하게 붓고 살짝 튀긴다. 탁탁 소리가 나고 초록색으로 변할 때 빨리 꺼낸다. 오래 튀기면 누렇게 변하고 탄다.

3. 짭짜름하니까 절대 소금 간을 하지 않는다. 설탕을 약간 뿌리면 더 맛있다.

동해안 파도 맞아 탱탱한,
쇠미역과 참미역

세상에서 가장 따뜻한 음식, 사랑과 정성으로 만든 음식이 미역국이다. 아이를 낳고 엄마가 끓여 주신 미역국을 먹으며 울컥했다. 산고를 겪은 딸을 위해 사골국물에 정성껏 끓인 미역국을 한 숟가락씩 목구멍으로 넘기며 목이 메었다. 엄마에 대한 고마움과 미안함이 뒤섞인 감정 때문이었다. 엄마도 나를 뱃속에 품은 열 달 동안 생명이 왔음을 기뻐하고 하늘이 노래지는 출산의 힘든 고통을 견디셨을 텐데, 그 마음도 모르고 서운하게 했던 일들이 떠올라 부끄럽고 미안했다. "아기 엄마가 부지런히 먹어야 젖이 잘 나온다." 하면서 안쓰러운 눈빛으로 나를 보던 모습이 눈에 선하다. 눈물 섞인 미역국 맛이었다. 또한 가족의 생일이면 빼놓지 않고 끓여 주시던 엄마의 미역국은 '사랑'과 '행복'이 담긴 음식이었다.

물이 맑고 플랑크톤이 풍부한 강릉 앞바다에서 나는 자연산 미역은 다른 지역 미역보다 훨씬 부드럽고 맛이 좋다. 지금은 부산시 기장면에서 대량으로 양식한 미역이 전국적으로 팔려 나가지만, 예전에 강릉 정동진과 안인 일대 청정한 바다에서 채취한 미역은 최고의 품질을 자랑했다. 조선시대에는 임금님께 올리는 진상품이기도 했다.

동해안에서 채취하는 쇠미역은 늦은 2월부터 모습을 나타내기 시작한다. 깊은 바다 밑이나 바닷가 바위에 붙어 자라는데, 태풍이 지나간 뒤 해안가에 밀려온 것을 인근에 사는 사람들이 줍기도 했다. 본격적으로 채취하는 3월경에는 어부들이 작은 배를 타고 나가 바위 밑에 붙은 쇠미역을 따온다. 채취 기간은 20일 정도로 짧다.

쇠미역은 겉면이 우툴두툴하고 손바닥처럼 넓적한 잎에 구멍이 숭숭 뚫려 있다. 대략 50센티미터의 작은 잎들은 쌈을 싸 먹는다. 다 자란 것은 두께가 두껍기 때문에 말려서 다시마처럼 튀겨 먹기도 하고, 불려서 장국 끓일 때 넣어 먹는다. 찹쌀풀을 발라서 말린 다음 튀겨 먹는 부각은 겨울에 먹어도 봄 바다 향을 느낄 수 있다. 어떻게 먹어도 맛있지만 방금 딴 것을 살짝 데쳐 쌈을 싸 먹거나 초고추장에 찍어 먹을 때가 제일 좋다.

동해안에서 나는 쇠미역은 향긋한 바다 냄새를 풍기며, 부드럽고 연한 질감이 있어 봄에 입맛이 없을 때 식욕을 촉진시켜 준다. 모내기 철에 못밥 나갈 때 빠지지 않는 반찬이기도 했다. 원래 갈

색이지만 살짝 데치면 초록빛으로 변하면서 떫은맛도 없어지고 씹는 맛이 훨씬 부드러워진다.

물이 맑고 플랑크톤이 풍부한 동해안에서 나는 미역은 두 종류다. 얕은 바다에서 나는 것은 참미역 즉 돌각이고, 깊은 바다에서 나는 것은 수심각이라 부른다. 돌각은 바위에 붙어 자라는데, 조류의 이동이 심한 곳에서 자라기 때문에 파도를 많이 맞아 육질이 단단하고 탱탱해 깊은 맛이 난다. 반면 수심각은 깊은 바다에서 자라다 보니 길게 웃자라 뻣뻣하면서 잎이 얇다. 미역국을 끓일 때는 물살이 빠른 곳에서 자라 조직이 부드러운 참미역이 최고다.

푸른 바다의 선물인 동해안 미역도 양식에 성공했다는 반가운 소식이 들렸다. 동해는 물살이 세고 조류가 빨라 양식이 어렵다고 했는데 2020년 강문어촌계 협동 양식장에서 미역, 쇠미역, 다시마 종자를 포설하는 데 성공했다고 한다.

미역은 대표적인 알칼리성 식품이라서 무기질이 풍부해 피를 맑게 하고, 간을 보호하고, 갑상선 기능도 좋게 하는 바다의 선물이다.

강릉교육문화관 문해반 교실에 공부하러 오신 어르신들에게 미역국 맛있게 끓이는 방법을 물어보았다. 그때 가장 돋보이게 설명해 준 분은 20년간 미역 장사를 하셨다는 안순자(1946년생, 교1동) 님이었다.

안순자의 맛나게 미역국 끓이기

❶ 마른미역을 적당히 불린다. 만졌을 때 물을 머금고 탱탱한 정도면 된다. 너무 많이 불리면 진이 빠지고 물크덩해 아무래도 맛이 없다.

❷ 불린 미역을 거품이 나도록 바락바락 주무르며 서너 번 헹군다.

❸ 소쿠리에 밭쳐 물기를 뺀다. 솥에 들기름을 두른 다음 미역을 넣고 덖는다.

❹ 미역이 부드럽게 불려질 때까지 덖은 후 쌀뜨물을 붓고 끓인다. 미역국은 오래 끓일수록 맛있다. 미역이 흐물흐물할 때까지 푹 끓인다.

소나무 봉오리 터지기 전에,
송홧가루

강릉은 소나무가 많은 고장이다. 동서남북 드넓은 산지에는 소나무가 가득하다. 생물은 자손을 남기려고 하는 본능이 있다. 소나무는 수꽃과 암꽃이 떨어져 있어 수꽃은 꽃가루를 다른 나무의 암꽃까지 날려 보내기 위해 바람을 선택한다.

소나무는 4~5월경이 되면 꽃가루가 노랗게 날리기 시작한다. 소나무 꽃가루가 바람을 타고 이동하는 것이다. 그때쯤이면 송홧가루를 얻기 위한 사람들의 손길이 바빠진다. 봉오리가 터지기 전에 소나무 꽃가루를 채취하여 물에 여러 번 씻어 내면서 이물질을 골라낸다. 말릴 때는 바람에 날아가기도 하고 곰팡이도 쉽게 생기기 때문에 잘 지켜봐야 한다. 이 과정은 번거롭고 손이 많이 가는 까다로운 작업이다. 그래서 송홧가루는 귀한 식재료로 대접받는다.

독특한 풍미가 있는 송홧가루에 들어 있는 콜린은 지방간을 없

애 주고 폐를 보호한다. 중풍과 고혈압에도 효과가 높다.

　송홧가루는 꿀과 아주 잘 어울린다. 감기가 들었을 때나 감기를 예방하기 위해 꿀과 함께 먹는다. 꿀은 송홧가루의 특유한 향을 약하게 낮춰 주는 장점도 있다. 꿀과 송홧가루로 만드는 음식으로는 송화밀수와 송화다식이 대표적이다. 송화밀수는 꿀물에 송홧가루를 넣어 잘 저은 후 잣을 띄워 내는 전통 음료이다. 송화밀수는 한여름에도 솔잎 향을 은은히 풍기며 품격 있는 음료로서 입맛을 사로잡는다. 또한 송홧가루에 꿀을 버무려 다식판에 박아 만드는 노란 송화다식은 은은한 향이 있어 부드러운 녹차와도 잘 어울린다.

　소나무 군락지가 많은 강릉은 가을이 되면 송이버섯도 많이 난다. 일교차가 심한 높은 산에서 자란 송이버섯은 독특한 향과 감미로운 맛이 있어 풍미를 더한다.

2019년 강릉관광기념품 공모전에서 강릉곶감쌈으로 대상, 도라지 정과로 동상을 동시에 수상한 〈미담음식문화연구소〉 전은숙(1970년생) 님은 차와 잘 어울리는 송화다식 만드는 방법을 가르쳐 주었다.

전은숙의 송화다식

① 송홧가루에 꿀을 넣어 고루 섞어서 덩어리가 되도록 오랫동안 반죽한다. 반죽 농도는 손으로 만져서 지점토보다 수분이 적게 한다. 손에 송홧가루가 묻어나지 않으면 반죽이 잘 된 것이다.

② 다식판에 기름을 얇게 바른다.

③ 송화 반죽은 밤톨만큼씩 떼어 엄지손가락으로 꼭꼭 눌러서 다식판에서 찍어 낸다.

④ 어떤 꿀을 사용해도 상관없으나 솔향기를 살릴 수 있는 꿀을 사용하면 좋다. 아카시아꿀은 향이 진해 권하지 않는다.

만조 해안선과 간조 해안선 사이 해초,
지누아리

학창 시절 친구 혜경에게서 갑자기 연락이 왔다. 혜경이는 중학교 2학년 때 같은 반이었는데 대학 1학년 때 우체국 앞 건널목에서 본 게 마지막이었다. 그런데 35년 만에 연락이 온 것이다. 2018 평창 동계 올림픽 때 강릉이 올림픽과 관련해서 뉴스에 자주 나오니 내가 어찌 살고 있을까 늘 궁금했단다. 그러다 우연히 가까운 초등학교 동창을 통해 연락처를 알았다고 했다. 한참 동안 우리는 지난 시절의 공백을 채우려는 듯 이런저런 이야기를 나누며 학창 시절의 추억을 공유했다. 그러다 혜경이에게 "왜 내가 보고 싶었어?"라고 물어봤다.

"너에 대한 기억이 조각들로 흩어져 있다가 가끔씩 퍼즐처럼 맞춰질 때가 있었어. 그때마다 네가 어떻게 살고 있는지 궁금했지. 그리고 더 특별한 기억은 중학교 2학년 때 너랑 처음 같은 반이 되었을 때야. 우리 그때 모여서 점심 같이 먹었잖아. 네가 싸 온 도시락 반찬 중에 이름을 알 수 없는 해초 같은 게 있었어. 내가 서울에서 살다 강릉으로 전학 와서 그런 것은 처음 먹었는데 참 맛있었어. 지금도 그 맛을 잊을 수가 없어. 사 먹으려 해도 이름도 모르겠고, 내가 살고 있는 수원 시장에 나가 봐도 파는 걸 보질 못했어."

혜경이의 이야기를 듣고 생각해 보니 이상한 해초는 바로 '지누아리'였다. 그 시절 엄마가 싸 준 도시락 반찬의 단골 메뉴는 미역 줄기와 생채무침, 지누아리장아찌가 거의 대부분이었다.

동해안에서만 서식하는 홍조류 지누아리는 지네를 닮았다 해서 붙여진 이름으로, 바다 냄새가 물씬 풍기는 해초다. 조간대의 바위 틈에서 붙어 자라는 지누아리는 미역이나 다시마처럼 윤기가 흐르고 점액질이 있다. 줄기는 가늘고 씹는 맛이 오도독해 독특한 식감을 느낄 수 있고 특유의 풍미가 있다. 날것으로 간장이나 된장에 무쳐 먹거나 고추장박이장아찌로 먹기도 하고, 간장 육수를 만들어 담가 두었다 먹기도 한다. 입맛을 돋우는 색다른 별미다. 예전에는 자주 먹던 밑반찬이었는데 지금은 바다 환경이 변해 생산량이 대폭 줄었다. 구하기도 쉽지 않고 가격도 폭등해서 귀하고 값비싼 식재료가 되었다.

양식이 되지 않는 지누아리는 동해안 휴전선 이북 경계선부터 울진 정도까지만 채취할 수 있다. 1년 내내 나긴 해도 5~6월 성수기에 많이 자라고, 8~9월로 가면 가을에 낙엽 지듯 색깔이 불그스름해지면 봄 것보다는 값어치가 떨어진다. 차가운 바다에 들어가 바위틈에 손을 넣어 채취하고 수십 번의 손질을 마다하지 않은 해녀들의 수고가 있었기에 지누아리를 먹을 수 있었다.

지누아리는 오랜 시간 강릉 사람들과 함께했다. 어쩌면 지누아리는 동해를 끼고 있는 강릉 사람들에게 어릴 적 추억을 소환해서 영혼을 위로하는 소울푸드soul food 같은 음식일지도 모르겠다. 어떤 기억은 구체적인 감각과 더불어 매우 다채로운 이미지와 함께 나타나기도 한다. 친구는 지누아리를 통해 나를 떠올렸고, 나는 엄마가 싸 주시던 도시락 반찬 '지누아리'에 대한 감각이 되살아나 돌아가신 엄마에 대한 그리움이 피어올랐다. 코끝이 찡해지고 가슴 저 아래부터 아릿해졌다.

혜경이를 다시 만나러 서울로 가던 날, 강릉중앙시장 반찬 가게에서 지누아리무침을 샀다. 직접 만들어 갖다 주려니 예전에 엄마가 해 주시던 지누아리 맛을 낼 자신이 없었다. 시장에서 사 간 지누아리는 친구가 예전에 먹던 그 맛이 분명 아닐 것이다. 향기와 풍미도 덜하고 싱그러운 질감도 떨어진, 해초 냄새와 짠맛만 두드러진 평범한 바다나물처럼 느껴질지도 모른다. 서울까지 가져가느라 신선함이 떨어져서 그런 것만은 아닐 것이다. 엄마의 손맛이 아닌 반찬 가게에서 파는 지누아리였기에 영혼의 에너지가 빠진

탓일 것이다. 세월, 고향, 추억, 그리움 등 이런 단어가 지닌 소소한 이미지가 뿜어내는 파장 역시 음식 맛에 영향을 준다고 생각한다.

세 번째로 그 친구를 만나러 갈 때는 예전에 엄마가 해 주시던 그 맛에 대한 기억을 더듬어 서툴지만 정성을 다해 지누아리장아찌를 만들어 선물해야겠다. 맛에 대한 기억과 공감을 나누는 동안 우리 사이도 더 끈끈해지고 깊어질 테니 말이다.

지누아리장아찌 만드는 방법을 가르쳐 준 전용선(1959년생, 포남동) 님은 강릉교육문화관 문해반 교실에서 만났다. 뒤늦게 시작하는 공부가 재미있기도, 어렵기도 하지만 배움으로 풍성한 삶을 살고 있다고 하셨다.

전용선의 지누아리장아찌

1. 마른 지누아리를 물에 살살 씻어 모래나 잡티를 털어 낸다.

2. 씻은 지누아리를 바구니에 담아 물기를 뺀다.

3. 둥근 냄비에 양념장을 만든다. 간장과 물을 2:1의 비율에 고추장 한 숟갈과 물엿을 넣고 팔팔 끓인 후 식힌다.

4. 양념 국물을 끓인 상태에 그대로 넣으면 지누아리가 벌게지므로, 식힌 후 지누아리를 넣고 뒤적뒤적하면서 고루 양념이 배게 한다.

5. 마늘은 쪼개 넣고 빨간 실고추도 약간 넣으면 먹음직스럽다.

왕산면 삽당령 눈 속에서 자란,
곰취

눈부시게 화창한 봄이 되면 아파트 입구에 봄나물을 파는 할머니들이 옹기종기 붙어 앉아 이야기꽃을 피운다. 산골 마을 소식과 세상 돌아가는 이야기도 바닥에 흥건하다. 이곳에서는 봄 향기 가득한 나물들이 종류별로 시기별로 선보인다. 흙냄새 품은 향긋한 쑥의 시절이 끝나고 나면 곰취가 수북이 쌓여 손님을 기다린다.

"새닥~ 곰취 좀 팔아 주게. 이게 높은 산에서 뜯어 온 거야. 향도 좋고 맛도 좋아."

"곰취는 두 묶음에 5천 원 해 줄 테니 가져가고, 열무도 마카 5천 원에 가져가."

할머니들은 지나가는 나를 보고 '새닥~' 하고 부른다. 흰 머리카락이 희끗희끗 돋아나는 나이에 새댁 소리를 듣다니, 싫지는 않다. 새닥~ 소리에 내 마음도 훌렁 넘어간다.

"마카, 전부 다 주세요."

곰취는 눈 속에서도 싹을 내기에 '앉은 부채'라고도 부른다. 겨울잠을 깨고 나온 곰이 좋아한다는 나물이기도 한데, 오랜 겨울잠에서 깨어난 곰은 어질어질 일어나 살포시 싹이 나온 곰취를 뜯어 먹었을 것이다. 달콤 고소하고 향긋한 곰취 맛은 곰의 허기진 배를 채우고 기지개를 켜는 힘을 주었을 것이다.

태백산맥 줄기 삽당령 너머 강릉시 왕산면 송현리는 곰취 생산지로 유명하다. 송현리는 겨울철 해양성 기후와 여름철 고랭지 기후가 만나는 곳이다. 해발 700~1000미터 고산 지대 삽당령 사람들이 친환경 농법으로 키운 곰취는 맛도 좋고 향도 좋다.

곰취로 삼겹살을 싸서 구운 김치와 함께 먹는 맛은 특별하다. 막걸리 한 잔 곁들이면 캬~ 소리가 절로 나온다. 곰취를 즐기는 나만의 방식은 잣이나 호두와 같은 견과류를 빻아 넣은 청국장을 쌈장으로 먹는 것이다. 한 숟갈 듬뿍 먹어도 짜지 않으며, 살아 있는 발효균과 함께 곰취를 먹을 수 있기에 보약이 따로 없다. 맛이 심심하면 고추장을 함께 넣어 쌈장을 만들어도 된다.

한의학에서 곰취는 면역력을 높이고 통증과 염증 치료에 효과가 있다고 한다. 온몸을 깨우는 곰취의 맛으로 봄의 입맛을 돋우어야겠다.

최현숙의 곰취나물들깨무침

① 끓는 물에 소금을 한 꼬집 넣고 곰취를 살짝 데친다.

② 찬물에 헹궈 깨끗하게 씻는다.

③ 물기를 꼭 짜서 먹기 좋은 길이로 썰어 준다.

④ 국간장 2큰술, 참치액 2큰술, 매실액, 통깨, 마늘을 약간 넣고 조물조물 무쳐 준다.

⑤ 곰취나물에 양념 간이 쏙쏙 배면, 들깻가루를 4~5큰술 넣고 보들보들 버무린다.

⑥ 마지막에 들기름을 넣고 살살 무치면 고소한 향의 풍미가 깊어져 맛있다.

◎ 강릉에서는 참기름보다 들기름을 더 많이 먹었다. 참깨보다 들깨를 수확하기

좋은 환경 탓인 듯하다. 들깨는 칼슘과 마그네슘이 많이 들어 있어 뼈의 건강

에 좋다.

여름, 맛

선풍기도 에어컨도 없었던 시절에는 열을 식혀 주는 재료로 시원한 음식을 해 먹는 게 여름 나는 비법이었다. 여름 채소로 김치를 담가 국수를 말아 먹고, 또 장아찌를 만들어서 물에 만 밥에 얹어 먹으면 새콤해 입맛이 살아났다.

여름이 오는 때, 강릉 밭에서는 투박하지만 포실포실한 감자를 수확하는 손길로 바쁘다. 바다에서는 뜨거운 태양과 바람이 퍼 올린 싱싱한 해산물 수확으로 풍성하다.

경포호와 향호에서 뜰채로 잡던,

부새우

강릉에서 볼 수 있는 부새우는 아마 세상에서 가장 작은 새우일 것이다. 몸길이가 5밀리미터 정도로 작고 투명하다. 겨울이 끝나고 봄이 되면 강문 사람들과 모아니골 사람들은 경포호수에서 부새우를 건져 올렸다. 날씨가 따뜻해지면 부새우가 호수 위로 떠오르는데, 이때 뜰채를 이용해서 잡았다. 물에 뜬다고 해서 뜰 부浮 자를 써서 부새우라 했다.

부새우는 원래 바다에 살았지만 강릉의 경포호수와 주문진 향호같은 기수호汽水湖인 담수 환경에 적응해 살아왔다. 기수호란, 아주 오래전에는 육지 안으로 깊숙이 들어온 바다였지만 긴 시간 동안 그 입구에 모래가 쌓이면서 서서히 바다와 분리된 곳을 말하는데, 민물과 바닷물이 섞여 소금기가 적은 호수라고 보면 된다.

예전에 부새우가 나는 시기가 되면 경포호수에서 뜰채로 떠서 골목마다 다니며 "부새우 사세요!" 하고 외치는 사람도 있었다. 지금은 환경 변화 탓에 사라져 볼 수 없는 모습이다.

강릉에서 한철 맛볼 수 있었던 부새우는 잡는 즉시 소금을 뿌려 따뜻한 부뚜막에 올려 삭혔다. 몸집이 작고 살이 연해서 오래 삭히면 형체가 분해되어 볼품이 없어지기 때문에 조심해서 다루어야 한다. 알맞게 삭으면 즉시 고운 고춧가루와 푸릇한 고추, 붉은 고추, 파를 송송 썰어 넣어서 끓여 먹거나, 다진 마늘과 볶은 깨를 넣어 잘 버무려 냉장고에 두고 밑반찬으로 먹었다. 부새우는 짜지 않아 그냥 반찬으로 먹거나 밥에 올려 비벼 먹어도 좋다. 부새우 특유의 감칠맛이 입맛을 돋운다.

강릉 사람들은 부새우를 곤쟁이라고 했다. 투박하고 정겨운 강릉 사투리로 '곤재~이'라고도 불렀다. 특히 화가 나서 삐진 사람이 며칠씩 말을 하지 않거나 화해하지 않고 마음이 비좁아진 상태를 빗대어 부르는 말도 '곤재~이'였다. 어떻게 쓰였나 예를 한번 들어 보겠다.

순덕이 벨메이 곤재이잔나. 머이 우째다 한 번 삐지문, 몇 날 메칠이 지내두 먼저 말으 하는 뱁이 읎사. 쌔초롬해서 사래미 곁에 있어두 채더 보지두 안 해.

무슨 말인지 모를 것 같아 번역해 보겠다. "순덕이 별명이 곤쟁이잖아. 어쩌다 한번 토라지면 며칠이 지나도록 말을 하지 않아. 새초롬해서 사람이 곁에 있어도 쳐다보지도 않아."라고 이해하면 된다. 부새우가 아주 작다 보니 그 형태를 사람의 성정에 비유해 표현했을 정도로 강릉 사람들에게 부새우는 아주 익숙한 식재료였다.

자료 조사를 하는 과정에서 지금부터 70년 전 경포호수에서 부새우를 뜨던 김옥자(1933년생) 어르신의 이야기를 들을 수 있었다. 이분의 이야기를 들으면 부새우에 얽힌 지역 주민의 생활사를 알 수 있고, 고단한 인생살이를 견디어 온 모습이 감동적이다. 들려주신 이야기를 날 것 그대로 옮겨 적는다.

생각하니 서러운 인생이지만 잘 살았어요. 아홉 살 때 아버지가 돌아가시고 어머니와 오빠 둘, 나하고 여동생이 남았죠. 형제들은 다 공부시키면서 나만 학교에 보내지 않아 글을 배우지 못했어요. 집에서 농사일이랑 집안일만 죽어라 했지요.

23세에 중매로 22살이던 남편과 결혼이라고 했는데 새신랑이라도 군인이었기에 1월 7일 결혼식을 치르고 다시 군대로가 버렸어요. 그래서 나 혼자 홀로 계신 시어머니 곁으로 갔습니다. 모아니골에 있는 시댁은 아침부터 저녁까지 먹을거리가 없었어요. 쌀독은 텅 비어 있었죠. 그해

12월, 남편은 제대해 집에 왔지만 직업을 구하지 못했어요.

나는 시집간 지 사흘 만에 동네 사람들한테 부새우 뜨는 법을 배웠습니다. 양쪽 끝에 가늘고 긴 막대로 손잡이를 댄 반두를 만들어 둘씩 짝을 지어 호수로 걸어가면서 부새우를 떴어요. 구박동이를 새끼줄로 묶어서 허리에 매고 끌고 다니며 동이에 차도록 3~4시간 부새우를 건졌지요. 우물에 가서 지저분한 검부데기가 안 보일 때까지 수십 번 씻고 또 씻어 깨끗하게 해야 하는데 그게 참 힘들었어요. 손질한 부새우에 고춧가루와 파를 송송 썰어 넣고 소금 간을 해서 밤새도록 감주처럼 삭혔습니다.

다음 날 새벽 4시쯤 일어나서 삭힌 부새우를 끓여요. 새벽 6시면 뜨거운 부새우를 옹기 단지에 담아 머리에 이고 팔러 나갔습니다. 아침 식사 전에 팔아야 하기 때문이죠. 강릉 시내로, 언별리, 임곡, 연곡, 삼산리까지 갔어요. 하루에 20~30리 길을 걸었지요. 점심을 못 먹을 때도 있었고 얻어먹기도 했습니다. 다 팔고 집에 오면 어둑어둑 해가 졌어요. 큰딸 명숙이가 아기였을 때는 등에 업고 나가서 팔았어요. 지금도 그때 생각하면 눈물이 나요.

1960년대까지만 해도 경포호수에 들어가면 바닥이 평평하고 물은 배꼽 높이까지 차올랐어요. 겨울에 얼었던 경포호수가 녹기 시작하면 얼음을 밀어내고 부새우를 떴죠. 너무 추워 손과 발이 오리발처럼 새빨갛게 됩니다. 3~4월에 많이 뜨고, 7~8월은 빼고, 9월~11월까지 떴어요.

'부새우 잡으면 1년에 송아지 한 마리 건진다'는 말이 있을 정도로 돈이 되었어요. 번 돈으로 800평 논을 사서 쌀 10가마를 얻었을 때 쌀을 쌓아 놓고 너무 좋아 자다가도 일어나 만져 봤어요. 너무 좋아서 꿈인가 생시인가 했죠. 부새우 뜨는 일은 13년 하고 그만뒀습니다. 경포호수 바닥에 흙을 파내면서 깊어지니 위험하다고 강릉시에서 못 잡게 했기 때문이래요.

지금도 마음 아픈 것은 친정어머니께 고무신 한 켤레 사서 신겨 보내지 못한 거예요. 내가 26살에 첫애를 낳고 눈이 많이 왔던 겨울에 우리 집에 오셨지요. 어머니는 닳고 닳은 신발을 새끼줄로 꽁꽁 묶어서 신고 왔어요. 그 신발을 보고도 고무신 한 켤레 사서 신겨 보내지 못한 게 한이 되어 가슴이 미어져요. 그래도 어머니는 삼을 삼아 주시고 가셨어요. 내 사는 모습을 보고 "내가 너한테 못할 짓을 시켜 놓고 가는구나." 하던 말이 아직도 생각납니다.

나는 집 짓는 공사장에서 일도 하고, 육십이 넘어서 주문진 오징어 가공 공장에도 다녔어요. 나는 눈을 못 떴기에 자식 4남매는 모두 대학까지 가르쳤어요. 75세에 한글을 배우고 나니 온 세상이 환하게 보입니다.

이제 경포호에서 더 이상 부새우를 잡을 수 없다. 경포도립공원 구역이라 함부로 잡으면 자연공원법에 위배된다. 그래도 몰래 잡은 부새우를 초여름이면 팔다 벌금을 냈다는 소문도 바람결에 들

려온다. 주문진 향호나 다른 지역에서 잡을 수 있다고는 하지만 그 기간이 길 것 같지는 않다. 앞으로 부새우는 특별한 상상 속의 음식으로 기억될지 모른다. 추억 속의 맛이 될지도 모르는 부새우 맛이다.

다행히 짧은 기간이지만 5월 중순이 되면 강릉중앙시장 입구에서 파는 분들을 만날 수 있다. 부새우탕 끓는 냄새는 시장 골목을 채우고 코끝을 자극해 입맛을 다시게 한다. 넉넉하게 사서 냉동실에 보관해 두었다가 입맛 없을 때 먹으면 좋다. 강릉중앙시장 입구에서 부새우를 파는 이영화(1960년생, 구정면) 님이 부새우탕 만드는 방법을 알려 주었다. 이영화 님은 28살부터 시장에 나와 집에서 농사지은 채소, 옥수수와 고구마, 부새우탕을 끓여서 팔았다. 비가 오나 눈이 오나 항상 노점을 지키며 자식들 뒷바라지하며 억척스럽게 살아온 당당한 삶이 빛난다.

이영화의 부새우탕

1. 부새우를 잡으면, 제일 먼저 냉동을 시킨다. 그냥 두면 순식간에 망가진다.
2. 냉동한 부새우를 솥에 넣고 물을 붓고 끓인다. 비율은 부새우 1kg : 물 500g이다.
3. 새우가 발갛게 될 정도로 팔팔 끓인다.
4. 양념은 청양고추와 대파를 넣는다.
5. 먹어 봐서 짜지 않게 소금 간을 한다.
◎ 부새우는 손질할 때, 검불을 골라내고, 지저분한 것을 깨끗하게 잘 씻어야 한다. 부새우탕은 소화가 잘되어, 입맛이 없을 때 먹으면 좋다.

뚜껑을 덮어서 구워야,
감자적

강릉에서는 감자전을 감자적 또는 감재적이라고 부른다. 감자전
은 얇은 느낌인데, 강릉의 감자적은 좀 더 두툼하게 지져 쫀득한
식감이 강하다. 감자적을 하는 과정은 간단하다. 감자를 강판에 갈
아 체에 거른 후 건더기는 따로 건져 놓는다. 그런 뒤 국물을 놔두
면 밑으로 녹말이 가라앉는데, 이때 물은 버리고 가라앉은 녹말과
감자 건더기를 섞는다. 여기에다 호박이나 부추를 썰어 넣고 소금
으로 간을 한다. 기호에 따라 청양고추를 송송 썰어 조금 넣으면
고추의 매콤한 맛이 기름 냄새의 느끼함을 싹 잡아 준다. 달군 프
라이팬에 기름을 두르고 중불에서 갈은 감자와 녹말을 넣은 반죽
을 한 국자 떠서 숟가락으로 얇게 편다. 뚜껑을 덮어 노릇하게 굽
고 뒤집어 구우면 완성된다.

결혼하고 서울에서 살 때 이웃 주민들과 친해진 것도 강릉식 감

자적 덕분이다. 당시 서울 사람들은 감자를 갈아 밀가루를 섞어 부쳐 먹어서 그 맛이 뻑뻑했다. 하지만 내가 만든 100퍼센트 강릉식 감자적은 쫄깃해서 이웃 주민들이 모두 그 맛에 반해 버렸다.

어린 날 엄마는 감자적을 지질 때 이렇게 말씀하시곤 했다.

"첫 소댕이는 만든 사람이 먹는 거야."

그건 아마 처음 한 것의 간을 보라는 의미도 있지만, 만드는 사람을 먼저 먹게 하려는 배려에서 나온 말이지 싶다. 소댕이는 가마솥 뚜껑에 감자적을 부치거나 고만한 크기로 지져 냈기 때문에 붙인 이름일 것이다. 감자적에는 정성과 사랑의 마음이 담겨 있어 더 고소하고 쫀득한 것 같다.

감자적 만드는 방법을 알려 준 최행숙(1945년생, 포남동) 님은 젊은 나이에 탄광 사고로 남편을 잃고 홀로 아들 둘을 키우느라 고생이 많았지만 언제나 당당하고 꿋꿋하게 살아왔다.

최행숙의 감자적

❶ 감자 껍질을 벗긴 후, 강판에 썩썩 갈아서 체에 밭쳐서 물기를 뺀다. 5분 정도 지나면 물에서 녹말이 가라앉는다.

❷ 체에 밭친 감자 건더기와 가라앉은 하얀 녹말을 고루 섞는다. 이때 호박이나 부추를 썰어 넣는다. 매콤한 청양고추를 약간 송송 썰어 넣는다.

❸ 프라이팬에 기름을 조금 두르고 반죽을 고루 펴서 노릇노릇하게 지진다. 이때 반드시 뚜껑을 덮고 익힌다. 뒤집어서 또 뚜껑을 덮고 익혀서 말갛게 변하면 다 된 거다.

부글부글 거품 일도록 썩혀 얻은 가루,
감자떡

강릉을 대표하는 떡 중에 하나는 감자떡 송편이다. 감자를 썩혀 만든 감자 가루나 하얀 감자녹말에 뜨거운 물을 부어 익반죽해서 만드는데, 속에는 강낭콩이나 삶은 팥을 넣는다. 썩힌 감자 가루로 빚은 송편은 찌면 검게 변하지만 하얀 감자녹말로 만든 송편은 말 갛고 담백하고 쫄깃하다.

감자떡을 하려면 양푼에 감자 가루를 넣고 물을 팔팔 끓여 소금 간을 해 그 위에 붓는다. 반드시 뜨거운 물을 부어야 가루가 몽글몽글 뭉치면서 반투명한 회색빛이 돌며 반죽이 된다. 계속 치대면서 반죽하다 보면 몽우리가 없어지면서 매끈하고 폭신하다. 전분 특유의 뽀드득한 감촉이 오면 반죽이 다 된 것이다. 이렇게 완성된 반죽을 뜯어 송편 모양으로 빚으며 소를 넣고 꼭꼭 누른다. 꼭꼭 주물러 빚지 않으면 찌면서 터질 수 있으므로 주의해야 한다. 찜통에 찐 송편을 꺼내 살짝 소금 간을 한 들기름을 반지르르 발라 먹으면 맛있다. 감자떡은 식으면 금방 굳어지므로 꼭 따뜻할 때 먹어야 한다. 그래야 몰캉하고 쫀득해 맛있다.

여름날 개울가나 우물가에는 감자 썩히는 냄새가 진동해 코를 막고 다니기도 했다. 감자를 썩혀 가루를 얻기까지는 인내와 정성이 필요하다. 강원도 사람들은 감자를 캘 때 호미에 긁히고 찍혀 상처 난 감자, 썩은 감자, 손톱만큼 작아 먹을 수 없는 작은 감자도 허투루 버리지 않았다. 그것들을 모아 깊은 독에 차곡차곡 쌓아 넣고 감자가 잠길 만큼 물을 부었다. 삼복더위를 지나면서 감자는 푹푹 썩어 구린 냄새를 풍긴다.

감자를 넣은 독에는 부글부글 거품 사이로 거무스름한 건더기가 둥둥 떠 있었다. 구정물 같은 시커먼 물을 바가지로 떠서 체에 걸쳐 놓고 함지박에 부었다. 물은 함지박으로 빠지고 감자 껍질만 체에 걸러졌다. 껍질 안에 노란 침전물이 들어 있다. 이게 전분인데, 감자 무거리라 부르는 건더기가 썩어 다 없어지면 전분만 남는다.

껍질에 남겨진 마지막 전분까지 물에 싹싹 비비고 주물러 헹궈 낸 후 껍질을 버리고, 그 물을 한데 모아 함지박에 담아 두면 물 아래로 하얀 앙금이 남는다. 윗물을 따라 내고 가라앉은 앙금에 다시 새 물을 부어 휘휘 저어 다시 앙금이 가라앉기를 반복한다. 다시 윗물을 따라 내고 같은 작업을 수십 번 여러 날 되풀이하다 보

면 얄궂은 냄새는 사라지고 맑은 물만 나오는 때가 온다. 이 작업을 게을리하거나 대충하면 하얀 가루에서 냄새가 나고 불순물이 씹혀 못 쓰게 되니 아주 신경 써서 공들여야 한다.

　가라앉은 앙금을 체에 걸러 뽀얀 전분을 얻으면 햇빛에 비벼 말린다. 녹말이 엉겨 붙어 굳어 있으면 주걱으로 떼어 내 손으로 비벼 풀고 다시 말리고 비비고를 반복한다. 바짝 말랐을 때 체에 걸러야 비로소 흰빛 고운 감자 가루가 탄생한다. 이런 오랜 과정을 거치지만 감자 무게의 10퍼센트만 겨우 감자 전분이 된다. 이렇게 만들어진 감자 가루는 그 고됨을 품고 있기에 10년이 지나도 변질되거나 썩지 않는다.

강릉시 홍제동 김옥자(1933년생) 님이 감자를 썩혀 가루를 얻는 방법을 알려 주셨다. 어르신의 삶은 앞에 부새우 편에서도 설명했지만 일흔여섯 살에 처음 한글을 배우기 시작해 2020년 강원도 성인 문해교육 시화전 대회에서 최우수상을 받았다. 올해 나이 아흔한 살인 지금도 매일 공책에 좋은 글과 문장을 옮겨 적으며 배움을 멈추지 않는 훌륭한 분이다. 어르신의 인생은 정성과 인내로 감자를 썩이며 얻은 하얀 녹말처럼 고귀하다.

김옥자의 썩힌 감자로 가루 만들기

❶ 잰(작은) 감자를 씻어서 항아리에 담고 푹 썩힌다.

❷ 주로 우물가나 수돗가 외딴곳에, 시간은 한 달 정도 오래 썩히면 썩힐수록 좋다.

❸ 한 달 정도 지난 후 손을 넣어 잘 섞었는지 주물러 본다. 냄새는 매우 고약하고 미끌미끌하면 다 된 거다.

❹ 어레미로 걸러서 우려낸다. 물을 여러 번 붓고 새 물로 갈아 준다. 3~4일 정도 반복한다.

❺ 감자 껍질에 붙은 모래나 흙이 있을까 봐, 물을 일어서 가라앉혀 가루를 주머니에 짜서 말린다.

❻ 말리면서도 체로 쳐서 덩어리가 지지 않게 한다. 그래야 고운 감자 가루를 얻을 수 있다.

물기 짜낸 무거리와 앙금의 반죽,
감자옹심이

감자옹심이는 감자녹말을 이용해 만든 수제비로, 대표적인 강릉 음식 가운데 하나다. 만드는 방법은 먼저 감자를 깨끗하게 씻어 껍질을 벗기고 강판에 쓱쓱 간다. 다 갈은 감자를 면 보자기에 담아 꾹 짠다. 물을 빼고 나면 건더기가 생기는데, 이때 생긴 물을 잠시 놔두면 하얗고 보드라운 녹말이 가라앉는다. 물은 조심히 버리고 가라앉은 녹말과 건더기를 섞어 조물조물 반죽한다. 약간의 소금을 넣어 간을 맞춘 반죽을 뚝뚝 떼어 지름 2~3센티미터가 되게 동그랗게 새알처럼 모양을 만들어 펄펄 끓는 물에 넣는다.

미리 만들어 놓은 멸치 육수에 통감자를 얄팍하게 썰어 넣고 끓이면 구수한 맛이 더 진해진다. 감자가 익을 무렵 애호박을 넣고 끓이다가 동그란 모양의 옹심이가 떠오르면 그릇에 담아 먹으면 된다. 감자옹심이는 뜨끈할 때 입안에 넣고 오물조물 씹으면 쫄깃한

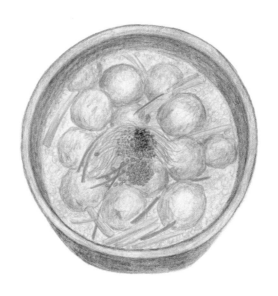

식감이 부드럽다.

　감자는 알칼리성 음식이라 건강에도 좋고 소화도 잘 된다. 강릉 사람들은 감자를 쪄서 먹을 때 빨간 고추장에 찍어 먹었다. 어린 시절 엄마와 할머니가 해 주던 감자로 만든 음식을 생각하면 추억과 그리움이 가득하다. 제비처럼 입을 벌려 받아먹던 모든 것들이 그립다. 이제 곁에 계시지 않으니 보고 싶은 간절한 마음은 앙금처럼 가슴 밑바닥에 가라앉아 있다가 작은 흔들림에도 뿌옇게 솟아오른다.

　감자옹심이와 감자적 만드는 방법을 알려 준 분은 나의 고모 최행숙(1945년생, 포남동) 님이다. 치열하게 살았던 지난날에 대한 회

한도 있지만, 이제는 자신의 행복을 위한 삶을 살기 위해 노력 중이다.

최행숙의 감자옹심이

❶ 감자 껍질을 벗긴 후 강판에 곱게 갈아서 최대한 물기를 꼭 짠다. 양이 많으면 베 보자기에 싸서 물기를 뺀다. 물기를 짜낸 무거리(건더기)는 벌겋게 변하지 않아서 오래 보관할 수 있다.

❷ 물기를 짠 건더기와 가라앉은 앙금(하얀 녹말)을 섞어서 반죽한다.

❸ 끓는 물에 반죽한 새알 같은 옹심이를 뚝뚝 떼어서 끓인다. 이때 국물은 사골 국물이나 멸치를 삶아 낸 것이면 더 맛있다.

❹ 취향에 따라 호박이나 감자를 얇게 썰어 넣고 소금이나 간장으로 간을 한다.

❺ 옹심이가 투명하게 익으면 고명으로 달걀 지단을 얹고 양념장을 넣어 먹으면 감칠맛이 난다. 옹심이는 소화가 잘 된다.

순대, 젓갈, 식해, 통찜, 물회로 변할,
오징어

강릉 바다에서 잡히는 해산물 중 대표적인 것이 오징어였다. 요즘은 지구 온난화 탓에 바닷물 수온 변화로 오징어가 예전처럼 잡히지 않아 금값이 되었다. 오징어라는 이름은 '까마귀를 잡아먹는 도적'이란 뜻의 오적어烏賊魚에서 시작되었다. 조선시대 정약전이 쓴 《자산어보》에는 '오징어가 죽은 척하고 물 위에 떠 있으면 날아가던 까마귀가 죽은 고기인 줄 알고 내려오는데, 이때 긴 다리로 잽싸게 휘감아 물속으로 끌고 들어가 잡아먹는다고 하여 오적어라고 부른다.'고 기록하고 있다.

허준이 쓴 《동의보감》에는 '오징어의 살은 기를 보호한다'고 나와 있다. 오징어를 말리면 하얀 가루가 생기는데 그것이 타우린이다. 타우린은 콜레스테롤을 억제하는 기능이 있다. 오징어는 육류에 비해 스무 배나 더 타우린 함량이 많다. 그래서 오징어는 고단백·저지방·저열량 식품으로 육류를 대신할 수 있는 값싸고 경제적인 식품이었다. 최근에는 면역력을 높이고 위액 분비에 도움이 된다는 오징어의 먹물로 다양한 음식을 개발하기도 한다. 오징어먹물 식빵, 오징어먹물 파스타, 오징어먹물 쿠키가 대표적이다.

오징어를 이용한 향토 음식은 많다. 6·25 전쟁 때 피난 내려온 함경도민이 순대 재료인 돼지를 구하기 어려워 대신 오징어 내장을 제거하고 채소와 고기, 두부, 당면, 숙주 등을 넣어 찜통에 쪄서 만들기 시작했다는 오징어순대부터, 밥도둑인 오징어젓갈과 엿기름을 섞어 삭힌 오징어식해, 갓 잡은 오징어를 내장 째 쪄서 먹는 오징어통찜 등 다양한 음식이 있다. 바닷바람에 건조한 오징어는 짜지 않고 담백하다. 바짝 말리지 않고 하루 이틀 정도 절반만 말린 오징어는 촉촉하고 도톰한 살이 쫄깃하게 씹히고 고소한 맛도 입안에 오래 남는다.

오징어물회 역시 유명하다. 뱃사람들이 출출할 때 배 위에서 간단히 만들어 먹던 음식이 바로 물회다. 오징어와 가자미, 광어, 우럭 등을 넣은 잡어 물회와 전복, 해삼, 멍게를 넣어 맛을 더하는 물회, 배즙으로 당분을 맞추고 살짝 얼린 매실 육수로 맛을 내 매콤달콤 새콤한 맛을 내는 물회, 동치미 육수를 국물로 써서 시원한 맛을 내는 물회 등 섞는 재료에 따라 그 종류도 다양하다. 물회는 아침에는 해장으로, 점심에는 소면과 함께, 저녁에는 술안주는 물

론이고 밥을 말아 먹으면 든든하게 배를 채울 수 있다. 차가운 물회에 따뜻한 밥을 넣어 말아 먹으면 밥알에 탄력이 더해져 감칠맛이 배가 된다.

1987년 결혼하고 주문진 시댁에 갔을 때다. 시어머님은 집 마당에 덕장(건조장)을 만들어 산더미처럼 많은 오징어를 말리고 계셨다. 그때 오징어를 '이까'라는 일본말로 쓰던 것이 인상 깊었다. 1960~1970년대 생계를 위해 어머니의 오징어 건조 일을 도왔던 남편 김영달(1957년생)로부터 오징어 건조 작업 과정을 들었다.

항구에 오징어를 잡은 배가 들어오면 경매를 거친 오징어를 판장에서 아주머니들이 칼로 오징어 배를 따고 오징어 내장을 들어내는 작업을 했습니다. 오징어를 바닷물에 덤벙덤벙 씻어 손수레에 담아 덕장으로 옮기지요. 그런 뒤 광주리에 옮겨 담아 젓가락 길이의 대나무 꼬챙이를 꼬리 부분과 몸통 사이에 끼웁니다. 오징어를 넓게 펴서 말리기 좋기 때문이에요. 그런 다음 덕장에 쳐 둔 새끼줄에 오징어를 걸어 말려요. 오징어 다리는 밀짚 대를 잘라 눈과 눈 사이를 펴서 끼웁니다. 그런 과정을 버팅기라고 합니다.

4시간 정도 지나면 오징어가 햇볕에 마르면서 수분이 빠져요. 그다음 작업은 오징어 다리 열 개가 바람이 통할 수 있도록 일일이 손으로 떼어 쉬야 해요. 그렇지 않으면 오징어가 발갛게 상해서 썩는 냄새가 나거든요. 또 4시간이 지나면 걸어 두었던 오징어의 꼬챙이를 빼고 다시 뒤집어서 꼬챙이를 다시 꿰어 준 후 말려요. 뒤집을 때 오징어가 걸려 있던 원래 자리는 수분이 있어서 축축하기 때문에 옆에 마른 부분의 새끼줄에 걸어 줘야 합니다.

오징어 꼬리(보통 '귀'라고 하지요.)와 몸통도 바람이 잘 통할 수 있도록 떼어 줘 잘 마르게 양쪽 꼬리를 모아서 살짝 꼬아 주지요. 이렇게 온종일 작업을 해야만 했습니다.

다음날 오후, 새끼줄에 걸린 말린 오징어에서 꼬챙이를 마저 빼는 작업을 해요. 그런 뒤 수분이 빠지면서 쭈글쭈글 건조된 오징어를 가마니를 깔아 둔 바닥에 쌓아 둡니다. 그러면 손질하기 좋게 약간 촉촉한 상태가 되죠. 그다음 1차 손질에 들어가야 해요. 손질 방법은 오징어 꼬리 끝을 양말을 신은 발뒤꿈치로 누르고 양손으로 꼬리를 당겨 평평하게 펴 줘요. 다리도 길게 가지런히 펴 주지요. 그렇게 한 후 열 마리씩 쌓아서 수건으로 덮고 양쪽 발로 꾹꾹 밟아 다져요. 2차 건조 작업은 오징어의 몸통과 다리가 새끼줄에 절반으로 접히게 걸어 줍니다.

그때는 오징어가 많이 잡히던 때라 온 식구가 동원되어서 오징어를 볕에 말리고 거둬들였어요. 그런 뒤 일일이 손으로 매만져 반듯하게 펴 스무 마리씩 축을 지어 쌓아 두었죠. 시간이 지나면서 오징어는 하얗고 뽀얀 분이 나면서 발갛게 변하면서도 햇살에 비치면 투명하게 변해요. 어머님이 말린 오징어는 주문진수산시장 건어물 가게 상인들이 눈독을 들여 가져갈 정도로 최상품이었습니다.

오징어를 말릴 때는 청정한 날씨가 중요합니다. 일조량과 바람이 적당해야 하는데, 말리는 동안 비가 오거나 흐린 날이 계속되면 오징어가 벌겋게 변하고 냄새도 나서 좋은 상품을 만들 수 없기 때문에 애가 탄 적이 많았어요. 그렇게 정성을 들였는데 쿰쿰한 냄새가 나면 상품 가치가 떨어지니까요.

김영달의 오징어 건조법

❶ **할복_** 싱싱한 오징어를 골라 배를 가르고 내장을 제거한 다음 바닷물로 깨끗이 씻는다.

❷ 덕장에 넣기_ 오징어 몸통에 젓가락 크기의 대나무 꼬챙이에 꿰어 새끼줄에 넣어 말린다.

❸ 버팅기_ 오징어 다리 사이 양 눈을 제거한 자리에 밀집을 끼워 반듯하게 펴 말린다.

❹ 오징어 다리 벌리기_ 오징어가 마르는 동안 바람이 잘 통하도록 10개의 다리가 붙지 않게 떼어 준다.

❺ 오징어 뒤집어 넣기_ 하루 동안 말린 오징어를 다음 날에 다시 뒤집어 말린다.

❻ 오징어 몸통과 꼬리 사이 벌리기_ 몸통과 꼬리는 붙어 있어서 사이를 떼어 주지 않으면, 오징어가 상해서 쿰쿰한 냄새가 난다.

❼ 마른오징어 손질하기_ 햇볕에 말라 비틀어지고 쪼그라든 오징어를 반듯하게 펴 준다.

❽ 손질한 오징어를 다 마를 때까지 넣고 걷고 반복해 20마리씩 축을 묶어서 공판장에 내다 판다.

푹 끓인 국물에 막장을 푼,
장칼국수

장칼국수는 고추장과 막장으로 칼칼하게 맛을 낸 대표적인 강릉의 향토 음식이다. 다시마와 멸치, 무를 넣고 푹 삶아 맛을 낸 육수 때문에 시원하고 구수하다. 이런 감칠맛이 도는 장칼국수는 강릉 사람뿐 아니라 요즘 관광객들에게도 인기가 높다.

장칼국수는 바다에서 고기를 잡던 어부들이 만들어 먹었던 것이라고 주문진 승강호 김영배 선장님(1959년생)이 이야기해 주셨다. 장칼국수의 원조가 거친 바다에서 삶을 지탱하기 위해 먹었던 음식이라는 것이다.

고기잡이배에서 승선해 밥을 짓는 사람을 화장火匠이라 불러요. 화장은 밤새 고기 잡고, 거기에다 삼시 세끼 식사 준비하느라 일반 선원보다 잠이 더 부족해 힘이 들죠. 보통 배가 나갈 때는 30명 정도의 선원이 타니까 그만큼 식사 준비를 해야 해요. 바다에서는 신선한 식재료도 없거니와 어부들도 고기잡이에 정신없이 바쁘니 젓가락으로 음식을 집어 먹을 시간이 어디 있나요. 잡아 놓은 양미리나 잡어 같은 것들을 넣어 막장 풀고, 국수 넣고 푹 끓여 뜨끈뜨끈할 때 후루룩 먹으면 맛도 있고 배가 불렀죠. 지금은 여름에 관광객들이 물회를 많이 찾지만 진짜 물회는 겨울에 더 시원하고 맛있어요. 고추장이나 막장 풀고, 식초 넣고, 파 숭숭 썰어 넣고 휘저어 먹으면 해장도 돼요. 우럭이나 가자미도 비늘만 쳐 내고 뭉텅뭉텅 썰어 묵김치로 싸서 꾹꾹 씹어 먹으면 고소하고 속도 든든했습니다.

예전에 강릉을 비롯한 영동 지역의 산촌이나 농촌 지역은 소금을 구하기가 쉽지 않았다. 국물을 우려낼 재료도 많지 않아 막장이나 고추장을 넣어 얼큰하게 국수를 끓여 먹었던 습관도 어부들이 만들어 먹었던 것과 함께 오늘날의 장칼국수가 되었다.

하얀 칼국수보다 살짝 매운맛이 있어 장칼국수는 칼칼한 끝맛이 오히려 담백하다. 면발은 손으로 반죽해 쫙쫙 늘려 폈기에 입안으로 미끄러지듯 넘어가 부드럽다. 배추김치나 아삭한 깍두기와 먹다가 남은 국물에 찬밥을 훌훌 말아 먹어도 든든한 한 끼 식사로 충분하다.

강릉중앙시장에는 아직도 칼국수 한 그릇에 3,000원을 받고 파는 식당이 있다. 가격만 3,000원이지 7,000~8,000원씩 받고 파는 칼국수와 비교해도 맛이나 질이 결코 뒤지지 않는다. 주머니가 얇은 사람이나 시장 나들이 나섰다가 출출할 때 이곳에 들러 후루룩 칼국수 한 그릇 넘기면 배도 부르고 다음 행선지로 가는 발걸음도 가볍다. 하지만 물가가 고공 행진이니 언제 올려 받는다 해도 이상하지 않다.

장맛비가 내리는 여름날에는 칼국수 생각이 간절하다. 빗방울이 창문을 두드리는 소리를 들을 때면 얼큰한 장칼국수 한 그릇을 후루룩 들이키고 싶다. 비 오는 날, 칼국수나 부침개 같은 밀가루 음식이 생각나는 것은 감성적이기보다 과학적인 이유 때문이다. 밀가루에는 사람의 감정을 조절하는 세로토닌이라는 성분을 구성하는 단백질, 아미노산, 비타민B 등이 다량 함유되어 있다. 그래서 비 오는 날, 밀가루 음식을 먹으면 우울한 기분은 물론 기분이 처지는 것을 막을 수 있다. 또 밀가루의 탄수화물 성분은 긴장감과 스트레스를 풀어 주는 데도 효과적이다.

강릉시 주문진읍에 사는 김영기 어르신은 사십대 초반에 질병으로 세상을 떠난 남편을 대신해 홀로 3남매를 키웠다. 삼베를 짜서 돈을 벌어야 했고 자신 소유의 땅이 없어 문중 소유의 논과 밭을 얻어 농사를 지었다. 쌀이 부족할 때면 값싼 밀가루로 국수를 만들어 먹었다. 변변히 육수를 만들어 맛을 낼 재료가 없을 때는

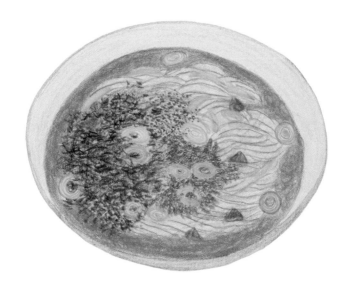

막장을 한 숟갈 넣어 끓인 장칼국수 한 그릇으로 배고픔을 달랬다. 너무 가난해 자식들이 소풍을 갈 때 용돈 한 번 주지 못했다. 할아버지가 한학자였음에도 여자라는 이유로 가르치지 않아 자신의 이름도 쓸 줄 모르는 까막눈이었다. 예순다섯 살에 강릉시여성회관(현 강릉시평생학습관) 한글교실을 찾아 뒤늦게 한글을 배웠다. 자신의 못 배운 한을 풀어낸 시를 써서 교육부장관상을 수상했다. 게다가 강릉단오제 기간 가장 인기가 높은 강릉사투리경연대회에서 대상을 받기도 했다. 말이 많지도 않고 조용한 성품인 어르신에게 어디서 그런 끼가 발산되는지 모르겠다. 제대로 교육받았더라면 자신의 역량을 키워 사회에도 큰 기여를 했을 분이다. 김영기(1939

년생, 주문진읍) 어르신이 장칼국수 만드는 방법을 알려 주셨다.

김영기의 장칼국수

❶ 밀가루와 콩가루를 미지근한 물로 반죽한다. 비율은 밀가루가 한 되면, 콩가루
는 한 움큼이면 된다.

❷ 반죽은 자꾸 문대고 치대야 한다. 그래야 쫄깃하다.

❸ 안반에 홍두깨로 민다. 두렁 반 만 하게 판판하게 민다.

❹ 반죽을 자꾸 늘여야 한 사람이라도 더 먹을 수 있는 양이 된다. 식구가 많으면
두 뭉텅이, 식구가 적으면 한 뭉텅이면 된다. 한 되가 한 뭉텅이다.

❺ 밀어서 얇고 판판해지면 썰기 좋게 밀가루를 살살 뿌려 붙지 않게 접어서 칼
로 송송 썬다.

❻ 국수 국물은 많아야 한다. 그래야 국수가 주르륵 흐른다. 솥에 물을 붓고 시래기,
감자, 파, 호박을 썰어 넣고 멸치도 넣고 푹 끓인다. 이때 막장을 풀고 끓이면
얼큰하다.

❼ 국수 국물이 팔팔 끓으면 썰어서 헤쳐 놓아 꾸덕꾸덕해진 국수 가락을 넣고 휘
저어 준다. 후루룩 3번 정도 끓으면 꺼내 먹는다.

❽ 장을 풀지 않고 흰 국수에 갖은 양념으로 만든 장을 넣어 먹어도 맛있다. 국수를
끓여 경로당에 갖고 가서 같이 먹었다.

주문진 소돌해변에서 잡던 비단조개,
째복칼국수

째복은 동해안에서 나는 조개 중 무늬가 가장 아름다운 토종 조개이다. 서해안을 대표하는 조개가 바지락이라면 강원도 동해안을 대표하는 조개는 째복이다. 생김새가 바지락보다 더 작고 쩨쩨해서 보잘것없다고 째복이라 불렀지만, 원래 이름은 민들조개이다. 화려한 무늬 때문에 비단조개라고도 부른다.

째복은 물이 차갑고 맑은 모래가 있는 곳에서 자란다. 같은 무늬가 하나도 없이 다 다르다. 어렸을 때 바다에 가면 째복조개를 맨손으로 잡을 수 있었다. 손을 뻗어 더듬거나 발바닥으로 물밑을 더듬거리기만 해도 쉽게 건져 올릴 수 있었다.

수년 전에 강릉시 주문진읍의 소돌바위와 가까운 바닷가 마을에 있는 신영초등학교를 갔다가 째복 이야기를 들었던 생각이 난다. 신영초등학교는 정문을 들어서면 울창한 소나무 숲이 병풍처럼 아늑하게 펼쳐지고, 소나무 숲길 산책로를 따라 잠시 걷다 보면 바로 바다와 연결된다. 학교 담장 너머로 보이는 수평선에 시선을 두면 세상사 모든 시름을 잊을 것만 같다.

뛰어난 자연환경을 품은 신영초등학교는 1966년 3월 개교 이후 지금까지 수천여 명의 졸업생을 배출했다. 신영초등학교 총동문회 고문인 진명복 회장(9기)은 1970년대 학교에 다닐 때를 이렇게 추억했다.

전교생이 680여 명 정도 됐어요. 그때는 해당화가 참 많았죠. 쉬는 시간이면 해당화 열매도 따 먹고 소나무에 똥거름을 주기도 했어요. 숙제 안 하고 또 저금해야 할 돈을 못 가져간 죄(?)로 학교에 남아 소사 아저씨랑 모래땅에 나무를 심었어요. 체육 시간이면 양동이를 들고 바다로 나가 째복이라고 부르는 민들조개를 잡았고요. 깨끗한 모래 속을 조금만 더듬어도 쉽게 건져 올릴 수 있는 조개였어요. 조갯살이 담백하고 쫄깃했지만 보잘것없이 생겼다고 째복이라고 불렀지요.

초등학생들도 쉽게 잡아서 먹었던 째복은 이제 바다 환경이 변하면서 예전처럼 흔하게 먹을 수 없어 아쉬움이 크다. 하지만 째복을 삶았을 때 우유 빛깔 같은 뽀얀 국물과 간간한 맛은 그대로다. 속살을 씻어 그냥 먹어도 된다. 국물 속에는 타우린 성분이 풍부하

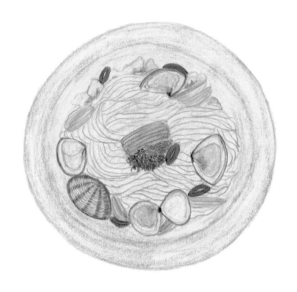

게 녹아 있어 빈혈이나 숙취 해소에도 효과가 좋다. 그래서 배를 타고 바다에 나가는 어부들은 째복을 넣고 끓인 장칼국수를 즐겨 먹었다.

째복은 텃밭에서 기른 채소를 송송 썰어 넣고 고추장 풀고 식초 넣고 얼음을 동동 띄우면 째복물회로, 부추를 썰어 넣고 끓이면 맑은 째복탕으로, 째복에 밀가루와 달걀을 풀어 전을 부쳐 먹으면 고소한 째복전으로 먹을 수 있다. 째복 조개가 뜨거운 물에 입을 벌리고, 들어 있는 째복칼국수도 담백하고 개운하다. 지구 온난화 때문에 소중한 것들이 자꾸 사라지는 세상이 되었다. 째복마저도 사라질까 봐 염려된다.

째복 이야기를 찾아 사천진리 골목길을 헤매다 우연히 만난 박길례 님에게 째복칼국수 만드는 방법을 배웠다. 주문진 밤골에서 시집와 배를 타는 남편을 뒷바라지하고 2남 2녀를 키우며 성실하게 살아온 박길례(1948년생, 사천면) 님은 종덕호 선장인 아들을 위해 그물을 손질하며 환한 웃음을 지었다. 아들이 제일 좋아하는 째복칼국수를 끓여 주던 이야기를 하며 세상에서 제일 뿌듯한 표정을 지었다. 그러면서 옆에서 재잘거리는 손주들을 돌보며 맛있는 간식을 해 주시기도 했다.

박길례의 째복칼국수

① 째복을 잡아 바닷물에 2~3일 담궈 둔다. 쇠수저를 2~3개 함께 넣어 두면 째복이 모래를 게워 낸다.

② 모래를 토해 낸 째복을 팍팍 문질러 씻어 낸다.

③ 째복에 물을 붓고 삶으면 뽀얀 물이 우러나고, 째복은 입을 벌린다.

④ 입을 벌린 째복 살을 발려 낸다. 발린 살에 간장, 고춧가루, 마늘, 참깨, 들기름을 넣어 조물조물 무친 뒤 고명을 만든다.

⑤ 뽀얗게 우러난 육수에 삶은 국수를 넣고 고명을 올린다. 김치도 송송 썰어 설탕과 참기름을 넣고 조물락조물락 무쳐 고명으로 얹으면 맛있다. 큰아들이 제일 좋아했다.

가을, 맛

가을은 수확의 계절이라 풍성하다. 감이며 밤, 주렁주렁 열린 고추를 식구들과 함께 따서 말리고 저장해 겨우내 먹을 준비를 한다. 김장용 배추와 무도 가을에 나는 게 최고다. 또한 가을은 콩을 갈아 두부를 만들고 말린 도토리를 갈아 묵을 쑤면 푸짐하게 나눠 먹을 수 있는 계절이다. 바다에서 온 해산물은 태양과 싸우고 바람과 손잡고 푸른 바다를 달래며 바다 향을 품었다. 추수가 끝난 들에서는 가을이, 바다에서는 어부의 삶이 익어 간다.

연근해에서 잡던 지방새치,
임연수

어릴 적 아버지 생일이면 밥상에 찰밥과 미역국, 그리고 금방 구운 김과 임연수구이가 올라왔다. 연탄불에 구운 임연수는 불 향이 남아 있어 더 맛있고 촉촉했다. 엄마가 아버지를 위해 정성껏 차린 밥상이었지만 식구들 수에 비해 임연수 한 토막은 양이 너무 적었다. 바삭하게 구워진 임연수구이를 뼈에 붙은 살까지 쪽쪽 빨아 먹었다. 아가미에 박힌 쫀득한 식감의 턱살을 파먹는 재미는 부드러운 생선 살을 먹는 것보다 좋았다.

우리나라 사람들에게는 임연수'어'보다는 임연수라는 이름이 더 익숙하다. 임연수어의 이름은 왜 임연수일까? 보통 바다에서 잡히는 생선은 꽁치, 갈치, 장치 등 '치'가 많이 붙는데 말이다. 그 유래를 살피자면, 조선 정조~순조 때 서유구가 지은《난호어목지》에 임연수라는 이름을 가진 사람이 이 물고기를 잘 낚아서 생선 이름까지 임연수로 부르게 되었다는 기록이 있다. 강릉 사람들은 임연수보다는 '새치'라는 이름에 익숙하다.

강릉에서는 '지방 새치'라 해서 연근해에서 잡히는 작은 임연수를 꾸덕꾸덕 말려서 먹었다. 구워 먹어도 조림으로 먹어도 맛있다. 요즘 수산시장에서 파는 살이 두툼하고 큰 임연수는 대부분 러시아산이다. 우리나라 동해, 그중에서도 동해 북부에서 많이 잡히는 임연수어는 노래미와 비슷하게 생겼는데, 꼬리지느러미의 모양이 크게 다르다. 몸길이는 45센티미터 이상까지 자라며, 산란기는 9월부터 이듬해 2월까지다. 명태의 치어나 작은 물고기 치어들을 잡아먹고 산다.

그런데 우리가 즐겨 먹는 임연수어 어획량이 점점 줄고 있어 어민들의 시름이 깊다. 일제 강점기인 1942년에는 일본 배들이 들어와 함부로 잡아가면서 어획량이 줄었고, 1980년대에는 예전에 비해 절반 정도, 1990년대 들어서는 그 절반 정도로 잡히고 있다고 한다. 지금 글을 쓰고 있는 이즈음, 주문진 승강호 김영배 선장님이 배를 타고 근해에 나가 임연수를 잡아 봐야 하루 20마리 잡기도 어려웠다고 푸념했다.

임연수에 관한 일화 중 '서해안 사람은 숭어 껍질에 반해 쌈 싸 먹다가 부자가 망했고, 강릉에서는 임연수 껍질에 쌈 싸 먹다가 만석꾼 최부잣집이 가산을 탕진했다.'는 이야기가 있다. 그만큼 여러

모로 맛있는 생선이라는 의미다. 임연수는 비리지 않고 부드럽고 속살이 담백하다. 일화에서도 알 수 있듯이 특히 껍질이 맛있다. 구우면 속살은 생선 살에서 나온 기름이 배어 촉촉해지는 반면 껍질은 다른 생선보다 얇지 않은데도 바삭하다. 구웠을 때 껍질과 속살이 분리가 잘 되어서 임연수어 껍질에 따끈한 밥 한 숟가락 얹어 김치와 함께 먹으면 정말 맛있다.

생선은 단백질 조직이 단단하지 않은 데다 근육이 약하고 결합력이 떨어져 굽거나 찌면 쉽게 부서지는 단점이 있다. 달걀을 터지지 않게 삶으려면 식초를 넣은 물에 삶으면 되는 것처럼, 생선 역시 식초를 치고 열을 가하면 단백질의 결합력이 높아져 부서짐을

막을 수 있고 맛도 좋다.

맛있게 임연수구이 하는 방법을 강릉시 내곡동에서 〈일미 소문
난 생선구이〉를 운영하는 김미남(1962년생) 님이 알려 주었다.

김미남의 임연수구이

❶ 임연수는 비늘이 거의 없기 때문에 칼등으로 쓱쓱 벗겨 내면 될 정도로 손질이
간편하다.

❷ 배를 가르고 모든 내장을 다 뺀다. 흐르는 물에 씻은 후 소금 간을 약간 한 후
말린다.

❸ 생선 살이 윤기가 나면서 약간 꾸덕꾸덕할 정도로 마르면 굽는다. 굽는 동안
임연수 자체에서 기름이 흘러나오기 때문에 따로 기름칠을 하지 않아도 된다.
단, 두꺼운 프라이팬일 때만 가능하다. 그릴에 구우면 불맛이 더해져서 더 맛
있다.

❹ 임연수를 구울 때는 자주 뒤집으면 안 된다. 살이 부드럽기 때문에 부서질 수
있다. 그러므로 한쪽이 노릇하게 구워지면 바로 뒤집어 다른 쪽도 구우면 완성
이다.

◎ 생물을 바로 구울 때는 소금, 레몬즙, 소주, 식초를 섞어서 뿌린 후 구우면 생선
특유의 냄새가 없고 맛있다.

개운한 토종 민물고기 국물,
꾹저구탕

꾹저구는 몸길이 약 10센티미터 정도의 망둥어 종류에 속하는 민물고기다. 양식은 물론이고 수입도 되지 않는 토종 자연산 물고기여서 귀한데, 이 물고기로 만든 '꾹저구탕'은 강릉에서만 먹을 수 있는 토속 음식이어서 더욱 특별하다.

꾹저구라는 이름은 강원도 관찰사로 부임했던 조선 중기의 문신 송강 정철과 관련해서 재미있는 이야기가 전한다. 정철이 어느 현을 방문했을 때였다고 한다. 관찰사가 온다고 하니 백성들은 바다에서 잡은 맛있는 생선을 대접하고 싶었지만 파도가 높아 어선들이 출어를 못 하게 되었다고 한다. 그래서 냇가에서 잡은 민물고기를 끓여 대접했는데, 이를 맛본 송강이 시원하고 담백한 맛에 감탄하면서 생선의 이름을 물었더니 한 주민이 "이름은 따로 없고요. '저구'라는 새가 꾹 집어 먹는 물고기를 잡아 끓였습니다."라고 답

했다고 한다. 그 말은 들은 정철은 "그럼 앞으로 꾹저구탕이라 부르면 되겠구나." 했단다. 믿거나 말거나 그때부터 그 민물고기의 이름은 '꾹저구'가 되었다.

　꾹저구는 민물고기 특유의 비릿한 냄새가 없다. 꾹저구탕을 끓일 때는 생선을 푹 삶아 육수를 먼저 뽑아 놓고, 삶은 생선은 뼈째 고운체에 내려 육수를 붓는다. 소금 대신 숙성시킨 고추장과 막장으로 간을 한다. 여기에 대파, 버섯을 툭툭 썰어 넣고 깻잎과 부추를 푸짐하게 올려 끓이면 완성! 얼큰하고 구수하면서도 개운한 꾹저구탕의 국물 맛에 반하지 않을 수 없다. 투박한 듯 깊은 맛이 나는 국물에 수제비를 얇게 뜯어 끓여 먹어도 되고, 포슬포슬한 감자

밥을 말아 먹어도 좋다.

강릉 난곡동에서 35년 동안 꾹저구탕 맛을 지켜 낸 식당 〈정든 꾹저국탕〉을 운영한 황현자(1963년생) 님이 꾹저구탕을 맛있게 끓이는 비법을 알려 주셨다.

황현자의 꾹저구탕

① 꾹저구를 바구니에 받치고 흐르는 물에 깨끗이 씻는다. 꾹저구가 작아서 건지기 쉽게 하기 위함이다.

② 물을 팔팔 끓인 후 꾹저구를 넣고 30분간 푹 삶는다.

③ 삶아진 꾹저구를 건져서 으깬 후 다시 건졌던 물에 넣어 20분간 더 끓인다.

④ 고추장, 고춧가루, 소금을 넣고 다시 20분간 끓인다.

⑤ 마지막에 부추와 버섯, 수제비를 넣어 수제비가 익을 때까지 끓인다. 기호에 따라 들깻가루, 산초, 후추를 넣어 먹기도 한다.

◎ 꾹저구는 양식도 되지 않는 토종 물고기다. 민물과 바닷물이 드나드는 깨끗한 곳에 산다. 꾹저구는 소화도 잘 되는 보양식이다.

사천 갈골마을의 오랜 정성,
과즐

강릉시 사천면 노동중리는 옛날부터 갈대가 많았다고 해서 '갈골'
이라 불렀다. 그러다 일제 강점기에 마을 명칭을 한자로 기록하면
서 갈대 노蘆 자를 쓰는 노동리로 바꾸었다. 진목정과 뒷골 김동명
문학관이 있는 사이 동네를 노동중리라 부르는데, 이곳은 전국적
으로 널리 알려진 '과즐'마을이다. 과즐은 찹쌀가루를 콩물로 반죽
하여 쪄 낸 후에 밀어서 말린 후 썰어 기름에 튀겨 낸다. 그런 뒤 꿀
이나 조청을 바르고 튀밥 등의 고물을 묻힌다.

  사천 한과가 상업적으로 팔리기 시작한 때는 1900년대 초인 듯
하다. 강릉 청량동에서 이곳 노동중리 최씨네 집에 시집온 이원섭
님은 생계에 보탬이 되고 서울에서 유학하는 아들의 학비를 벌기
위해 며느리 조규연 님과 과즐을 만들기 시작했다. 이원섭 님은 어
릴 때부터 익힌 솜씨로 동네 경조사가 있는 집의 부탁을 받아 과즐

을 만들었고, 그러면서 사천진리나 주문진 시장에 내다 팔 정도로 솜씨를 인정받았다. 이렇게 이원섭 씨 집은 '원조할머니 한과' 집이 되었고, 차츰 그 제조 기술이 한 집 두 집 퍼져 나가면서 오늘날 갈골마을은 과즐 생산 마을의 대명사가 되었다.

대한민국 식품명인이며 강원도 무형문화재 23호(갈골과즐) 기능 보유자인 최봉석 님은 원조 댁의 큰집 장손으로 '갈골과즐'을 상표로 등록했다. 현재 갈골 한과 체험 전시관을 운영하며 한과 제조 기술 보존과 전승을 맡고 있다.

명절이 가까워지면 사천 과즐마을은 전통의 맛을 빚느라 무척 바빠진다. 명절을 앞두고 상품 준비를 하고 있는 사천 과즐마을을 찾았다. '원조할머니 한과'집을 찾아가다가 마을 입구에서 30년간 한과를 만든 함명자(1942년 생, 사천면 하동리) 님을 만나 과즐 만든 이야기를 들었다. 주문진 장덕리에서 사천 갈골마을에 9남매 중 둘째 며느리로 시집와서 시부모 모시고 시동생들과 자식들 키우느라 고생이 많았다고 한다. 더덕 뿌리 같은 거친 손마디와 일그러지고 닳은 발톱은 고된 노동의 흉터로 그간의 삶을 짐작하게 했다.

어르신께 들은 과즐 만들기 작업은 결코 쉽지 않았다. 오랜 시간 정성을 들이고 비율을 맞춰야 하는 과정이 까다로워서 인내심이 필요한 작업이었다. 그중에서 1980년대 초까지 만들었다는 모래 과즐 이야기를 듣고는 깜짝 놀랐다. 그 방법이 너무나 힘들었을 것

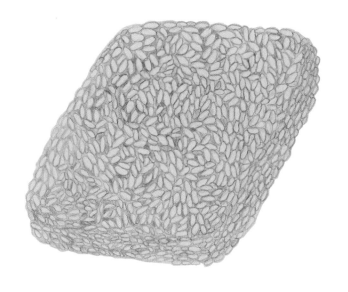

같아 가슴이 먹먹했다. 그때만 해도 과즐은 추석이나 설에 겨우 한 조각 맛을 볼 수 있을 정도로 귀한 과자였다. 한과를 만들어 팔다 지금은 쉬고 있는 함명자 님의 목소리로 모래과즐이 무엇인지 들어 본다.

지금은 과즐 바탕을 기름에 튀기지만 그때는 모래를 썼지. 모래를 체에 걸러 굵은 모래를 골라 프라이팬에 붓고 기름을 비벼 넣고 볶았어. 시간이 지나면 모래가 기름을 먹고 새까맣게 변하면서 열을 받지. 그때 바탕을 모래에 집어넣으면 스멀스멀 부풀어 올라. 그러면 바탕을 들여다보면서 혹시 모래가 박혀 있을까 봐 바늘을 들고 밤새도록 파냈어. 과즐에 모래가 씹히면 안 되니까. 모래가 많지는 않아도 드문드문 박혀 있었거든. 졸음을 쫓아가며 온 식구들이 매달려 파냈어.

모래과즐은 뜨거운 기름에 튀기는 것보다 모래가 품고 있는 뜨거운 열기를 고루 이용하는 지혜가 들어 있다. 모래는 일정한 온도를 유지했을 테니 온도 조절이 민감한 기름보다 훨씬 안정적으로 바탕을 튀겨 낼 수 있었을 것이다.

과즐 만드는 과정이 이처럼 까다롭고 힘든 작업이었음을 미처 몰랐다. 함명자 님은 과즐 만들고 농사짓느라 허리 펼 사이 없이 일했지만, 자식들 잘 크는 모습을 보며 견딜 수 있었다고 했다. 달콤함 뒤에 가려진 한과 만드는 분들의 땀과 눈물을 기억해야겠다.

함명자 님의 곁에 있던 큰딸 장경희 씨는 학교 다닐 때는 과즐 만드는 일이 힘들어서 도망치듯 학교 앞에 방을 얻어 자취를 했을 정도였다고 했다. 집에서 다니면 밤잠도 못 자고 졸음을 쫓으며 바탕에 박힌 모래 파내야 했으니까. 철이 들고 보니 어머니가 혼자 너무나 고생을 한 것 같아 미안하고 고마운 마음에 목이 메인다고 말했다.

함명자의 과즐

● 생찹쌀을 항아리에 넣고, 물을 부은 후 30일 동안 발효시킨다. 중간중간 손으로

휘적휘적 저어 준다.

❷ 30일 후 항아리를 열면, 부글부글 거품이 생겨 쿰쿰한 냄새가 지독하다. 그러면 발효가 잘되었다는 것이다. 찹쌀은 물속에 오랫동안 있어서 약간의 힘이 없어지고 만지면 부서진다.

❸ 발효된 찹쌀을 깨끗이 씻어 다시 물을 부어 준다. 하루에 5~6번 정도 물을 갈아 준다. 이 작업을 2~3일 정도 반복한다. 이렇게 하지 않으면 쿰쿰한 냄새가 남아 있어 바탕의 맛이 덜하다.

❹ 씻은 쌀을 바구니에 담아 물기를 뺀다. 중간에 한 번씩 뒤친다.

❺ 쌀을 방아에 갈아 반죽을 한다. 이때 불린 생콩을 갈아서 얻은 콩물을 넣고 반죽한다. 반죽할 때 콩물 비율이 제일 중요하다. 비율이 잘못되면, 나중에 과즐 바탕이 부풀어 오르지 않아 다 버려야 한다. 실패한 바탕은 다시 쓸 수 없다.

❻ 가마솥에 삼발이 얹고, 베 보자기를 깔고 콩물로 반죽한 찹쌀 반대기를 붓고 찐다. 4~5시간 정도 푹 찐다.

❼ 쪄 낸 찹쌀 반죽을 큰 대야에 붓고, 방망이로 계속 친다. 30분 정도 쉬지 않고 친다. 혼자 하기는 힘들어 여럿이 돌아가며 친다.

❽ 과즐 바탕 모양을 만들 준비를 한다. 바닥에 감자 가루를 체에다 밭쳐서 솔솔 뿌리면서 쭈욱 편다.

❾ 감자 가루 위에 찹쌀 반죽을 붓는다. 위에 또 감자 가루를 뿌린다. 찹쌀 반죽은 찰기로 인해서 평평한 형태로 만들어진다.

⑩ 퍼진 찹쌀 반죽을 칼로 자른다. 과즐용은 정사각형으로 자르고, 강정용은 손가락 두 마디 길이로 짧게 잘라 말린다.

⑪ 마르는 동안 살펴보면서 먼저 마른 것을 뒤집어 준다. 날씨가 궂으면 방에 불을 피우고 말린다. 방바닥이 뜨뜻해지면서 온도가 올라가 바탕이 잘 마르면 또 뒤집어 준다. 바탕이 너무 바짝 마르면 다 부서지므로 바짝 말리지 않는다.

⑫ 마른 바탕은 상자에 차곡차곡 담아 30일 정도 잠을 재운다. 그래야지만 바탕을 튀길 때 잘 부풀어 오른다.

⑬ 완성된 바탕을 튀길 준비를 한다. 이때 두 개의 튀김용 팬을 준비한다. 먼저 은근하게 달군 기름에 바탕을 넣어 불린다. 그러면 바탕이 부풀어 오르면서 기름 위로 우윳빛을 띠며 떠오른다.

⑭ 그다음에는 높은 온도의 기름팬에 옮긴다. 끓는 기름에 바탕을 넣으면 뻥튀기처럼 부풀어 오르면서 짜악 펴진다. 이때 바탕 모양이 울렁울렁해지지 않도록 숟가락으로 눌러 주며 튀긴다.

⑮ 종이를 깔고 튀겨 낸 바탕을 기왓장 세우 듯 일렬로 쭈욱 세워 놓고 기름을 뺀다.

⑯ 기름이 빠진 바탕을 크기에 맞게 다시 재단해 자른다.

⑰ 끓인 조청을 바탕에 바른다. 쌀튀밥이나 검정깨, 노란깨를 묻히면 완성된다.

떫은맛이 단맛되게 침 들이기,
침감

강릉에는 감나무가 많다. 옛날부터 강릉의 '3다三多'로 꼽히는 것은 소나무, 물 그리고 감나무다. 늦가을, 저녁노을이 하늘을 붉게 물들일 때면 돌담 집 구부러진 감나무 가지 끝에도 노을빛을 닮은 홍시가 익어 갔다. 그 모습은 수채화 물감을 붓끝에 찍어 곱게 그린 아름다운 풍경화로 기억에 남아 있다.

가을이 깊어지면 감나무에 발갛게 켜진 전등처럼 달려 있던 홍시가 농익어 바닥에 툭 떨어지곤 했다. 융단처럼 깔린 울긋불긋 단풍 든 감나무잎 위로 살포시 내려앉은 홍시는 흙먼지 하나 묻지 않았다. 모양새는 찹쌀떡처럼 납작하게 퍼져 가장자리엔 자잘한 실금이 나 있는 것은 제대로 익었다는 증거였다. 껍질을 살살 벗겨 속살을 입에 넣었을 때의 그 찰진 식감과 달콤함은 잊을 수 없는 최고의 맛이었다.

　강릉감은 따배와 동철 두 종류가 있다. 생감일 때는 떫어서 맛도 없고 텁텁해 침을 들여 먹었다. 따뜻한 물에 약간의 소금을 넣고 하루나 이틀 정도 담가 보온해 두면 떫은맛이 사라지고 단맛이 생기는데 이런 과정을 '침을 들인다'고 한다. 침을 들인 감은 남쪽에서 단감이 올라오기 전까지 떫은 감을 달콤하게 바꾸어 먹었던 지혜의 산물이었다. 어릴 때 떫은 감을 따끈한 물이 담긴 항아리에 넣은 후 뚜껑을 덮고 두툼한 담요까지 덮어씌우고 달콤한 침감이 되도록 기다렸던 기억이 생생하다.

　곶감약밥과 식혜를 맛있게 하는 강릉시 홍제동에 사는 김옥자(1933년생) 어르신이 침시(침감) 담그는 법을 알려 주셨다.

김옥자의 침시 담그기

❶ 감이 누렇게 익으면 딴다.

❷ 손을 집어넣어 따뜻한 느낌이 들 정도의 물을 준비해 항아리에 붓는다. 따끈해 야지 절대 팔팔 끓는 물을 부으면 안 된다. 감이 데어 누레지기 때문이다.

❸ 항아리에 감을 넣고 휘휘 저어 따뜻한 물이 잘 섞이도록 한다.

❹ 비닐로 덮고 꽁꽁 묶는다. 아무 뚜껑이라도 덮는다. 이불도 씌운다. 항아리가 식지 않게 잘 살핀다.

❺ 새벽에 일어나 물이 식었으면 항아리의 물을 쏟아서 다시 덥혀 붓는다. 다시 싸매고 덮는다.

❻ 아침에 일어나서 건지면 침이 들어 떫지 않고 달콤한 침감이 된다.

❼ 침감을 팔러 중앙시장까지 한 광주리를 이고 가면 100개 한 접에 쌀 한 말 값을 받았다. 감이 많아도 따서 팔려면 촌에서 골이 빠진다.

❽ 침감을 만들 때는 물을 데워도 안 되고 식어도 안 된다. 물 온도를 맞추는 게 중 요하다.

산바람, 바닷바람 맞은 진상품,
곶감

강릉은 곶감 생산지로 유명하다. 강릉시 성남동 곶감시장은 곶감
전이 따로 있을 정도로 100여 년 동안 전성기를 누렸다. 강릉의 옛
어른들은 곶감을 만들 때 감을 깎아 나뭇가지에 끼우는 과정에서,
마감하는 부분의 끝을 잘 깎아 국화꽃처럼 예쁘게 만들기도 했다.

　이웃 나라 일본도 곶감을 만들어 먹어 왔는데, 일제 강점기 때
일본은 강릉감 생산을 늘리려고 감 묘목을 나누어 주면서 열을 올
렸다. 1931년 일본어판으로 발간한 《강릉생활상태조사서》에는 강
릉의 풍토가 감을 재배하는 데 적합해 수백 년 전부터 감을 재배했
다고 나와 있다. 1929년부터 일본은 감 생산을 늘리기 위해 농회를
중심으로 묘목 생산을 확대하고 품종을 개량했다. 강릉 지역 농가
마다 평균 한 그루씩 감나무를 배부하여 당시 약 2만 그루였던 감
나무 숫자를 1936년까지 4배로 증가시키겠다는 계획을 적어 놓기

도 했다. 당시 강릉 지역의 감은 재래종이 대부분이어서, 타원형의 곶감을 만들기 위한 감나무도 육성할 계획임을 밝혔다. 그 때문에 강릉에는 감나무가 더 많아졌다. 특히 강릉 곶감은 맛과 품질이 뛰어났다. 임금님 진상품으로 올리는 것은 물론 한양의 사대부 집안에서도 선호하는 곶감이었다. 수정과를 해도 잘 풀어지지 않고 맛있기 때문이다.

강릉 곶감은 따뜻한 햇살, 대관령에서 불어오는 차가운 바람, 바다에서 불어오는 해풍이 어루만져 만들어진다. 두세 달 동안 산바람과 바닷바람이 만드는 곶감은 손이 많이 가고 시간도 오래 걸리지만, 촉촉하고 달콤하고 육질이 두꺼워 단단하다. 강릉 곶감의 특징은 감 껍질을 이용해 숙성시키는 과정을 거치기에 뽀얗게 하얀 분이 생긴다. 하얀 가루로 덮인 곶감의 육질은 붉은 갈색으로 변하면서 쫄깃하고 달콤해진다.

생감이 햇볕에 말라 달콤하고 쫀득한 곶감이 되는 모습을 보면 우리네 사람살이와도 닮았다는 생각이 든다. 정성으로 가꾸고 돌보면 마음의 문을 닫았던 사람도 말랑말랑해지는 것처럼 말이다.

어린 시절에는 곶감이 귀했다. 명절이나 제삿날에나 겨우 한 개 정도 먹을 수 있었다. 집안에 아이들이 많다 보니 배급받듯 겨우 하나 먹을 수 있으면 다행이었다. 산업화와 개발의 과정을 거치면서 감나무는 베어지고 곶감 생산량도 줄면서 강릉 곶감은 예전의

명성을 잃었다. 하지만 강릉 곶감 전통의 맛을 이어가기 위해 많은 분들이 노력하고 있다는 소식이 들려와 다행이다.

강릉시 주문진에 사시는 김영기(1939년생) 어르신은 육십이 넘어 한글을 배우고 전국문해교육 백일장 편지쓰기 대회에서 상을 받고 2016년 강릉사투리대회에서도 대상을 받았다. 마흔둘에 남편을 먼저 보내고 삼남 일녀를 훌륭하게 잘 키우신 분이다. 힘든 농사일과 함께 자식들 뒷바라지하면서도 곶감을 만들어 시장에 내다 팔아 돈을 만질 수 있었다며 환하게 웃으셨다. 다음은 김영기 어르신이 알려 주신 곶감 만드는 방법이다.

김영기의 곶감 만들기

❶ 입동무렵인 11월 7일 전에 감을 따서 깎는다. 입동이 지나면 감이 빨리 물러서 홍시가 되기 때문이다.

❷ 깎은 감을 싸리 꼬챙이에 10개씩 끼운다. 양쪽 가에는 큰 것을 끼우고 복장(가운데)에는 작은 것을 끼운다.

❸ 바람이 잘 통하고 해가 잘 드는 양지쪽에 말린다. 양쪽으로 새끼줄을 늘어뜨리고 감꼬치를 걸쳐 끼워 말린다.

❹ 말릴 때는 만져 줘야 한다. 감이 마르면서 크기가 줄어들면 사이에 틈이 생기니까 한쪽으로 모은다. 너무 질척하게도 너무 빠짝 말려도 안 된다. 한 달 이상 말리면 말랑하면서 발갛게 변한다.

❺ 감을 상자에 넣기 전에 말린 감 껍질을 사이사이에 넣고 말린 감을 켜켜이 시루떡하듯 놓는다. 감 껍질을 덮고 또 말린 감을 놓고 감 껍질로 덮는다. 자주 바람도 쐬어 주고 넣기도 해야 하얗게 분이 난다.

❻ 하얗게 분이 잘 난 곶감 꼬치를 꺼내 꼬치 양쪽을 칼집을 내 국화꽃 모양으로 다듬어 곶감이 빠지지 않도록 한다.

❼ 밑에 곶감을 다섯 줄 놓고, 사이에 나무 꼬챙이를 걸쳐 놓고 다시 위에 다섯 줄 놓고 나일론 끈으로 묶어 둔다. 곶감 100개가 한 접이다. 리어카에 10접씩 싣고 주문진시장에 내다 팔았다. 설날 앞두고 갖다 팔았다. 곶감은 대보름 때가 값이 제일 좋았다. 깨지고 긁힌 감은 삐져서(도려낸 다음) 쪼가리로 말려 먹어도 맛있다.

뜸 들인 콩물에 간수를 은근히,
초당두부

소나무 숲이 아름다운 강릉 초당마을은 볼거리와 먹을거리가 풍성한 곳이다. 초당마을의 대표 음식이 된 두부가 전국적으로 유명세를 타기 시작한 것은 불과 이십여 년 전이다. 초당두부의 유명세에는 우리나라 근현대사의 아픔을 딛고 일어선 민초들의 삶이 녹아 있다.

1908년 나라가 위기에 처하자 민족교육의 필요성을 느낀 강릉의 선각자들은 몽양 여운형 선생을 모셔 왔다. 몽양은 초당에 영어학교를 세우고 마을 청장년들에게 신교육과 민족교육을 시작했다. 일제의 탄압으로 영어학교는 얼마 못 가 폐교되고 여운형은 강릉을 떠났다. 그러나 여운형이 떠난 후 독립사상과 민족의식을 키운 청년들은 강릉 지역 3·1만세 운동을 이끌었다.

그런데 청장년들은 해방 후 좌우익 갈등의 소용돌이에 휘말린다. 1947년 7월 24일 좌익 테러분자를 색출한다는 구실로 벌어진 학살에 초당마을 사람들 상당수가 희생되었다. 1950년 한국전쟁이 일어났을 때도 마찬가지였다. 전쟁 중에 행방불명되거나 북으로 끌려간 아들을 기다리던 어머니는 대문에 칠도 하지 않고, 이사도 가지 않고 기다렸다. 뿐만 아니라 좌익과 연류되었거나 월북한 친인척이 있으면 연좌제에 묶여 취업에 제한을 받기도 했다. 친구 언니는 강릉여고 상과반을 제일 우수한 성적으로 졸업하면서 한국은행에 합격했지만, 결국 신원 조회 과정에서 6·25 전쟁 때 초당마을에서 북으로 끌려간 친척이 있어서 합격이 취소되었다. 실망감에 울고불고했다는 이야기를 듣고 안타까웠다.

그렇게 집에 남겨진 아낙네들은 생계를 유지하기 위해 두부를 만들어 시장에 내다 팔기 시작했다. 머리에 뜨거운 두부를 이고 철길을 따라 시장으로 걸어갔던 아낙네들의 한을 생각하면 마음이 아프다. 부드러운 두부에는 비록 연약한 여자지만 속은 강인한 어머니의 성정이 녹아 있다.

콩을 갈아 강릉 앞바다 바닷물을 응고제로 써서 굳힌 초당두부는 마그네슘과 칼슘이 풍부하며 고소하고 부드럽다. 특히 곱게 간 콩을 솥에 넣고 바닷물을 부으면 단백질이 엉기면서 몽글몽글해지는데 이를 '초初두부'라고 한다. 훌훌 마시면 따뜻하고 부드러운 느낌이 온몸에 스며든다. 보통 '순두부'라고 부르지만 엄격하게

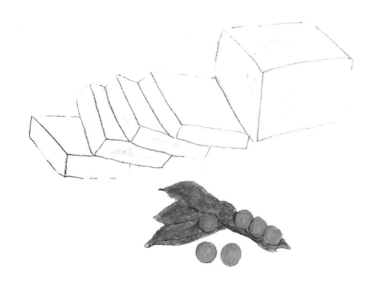

말하면 초두부가 맞다. 초당두부의 제맛을 느끼려면 새벽부터 콩을 갈기 시작하므로 완성이 되는 아침 7~8시경에 가면 된다.

질곡의 근현대사를 견디며 좌우익의 갈등 속에 깊은 상처를 입은 사람들이 삶을 지탱하기 위해 만든 두부가 이제는 입맛을 돋우는 명품 초당두부가 되었다. 초당두부를 먹을 때면 몽양 선생님과 강릉과의 인연도 생각나고, 가슴 저린 인생을 살아야 했던 사람들의 아픔에 대한 연민도 커진다.

초당두부 만드는 방법은 〈초당 토박이 할머니 순두부〉 대표 김규태(1971년 생) 님이 알려주셨다. 두부쿠키를 만들어 상품화하고 초당두부마을이 전국적으로 유명해지는 데 공을 세운 분이다.

김규태의 순두부(초두부) 만들기

❶ 콩 불리기_ 좋은 콩을 선별하여 콩을 잘 골라서 불린다. 여름과 겨울은 기온 차이 때문에 시간을 달리한다.

❷ 콩 갈기_ 불린 콩을 깨끗이 씻은 다음 콩을 간다. 콩을 갈 때는 물도 함께 넣어 부드럽게 하는데, 콩과 물의 양은 2:3 정도가 적당하다.

❸ 콩물 걸러 내기_ 갈은 콩은 촘촘한 천으로 걸러 콩물만 빼낸다. 콩물을 걸러낼 땐 뜨거운 물을 조금씩 넣어 가며 걸러 낸다. 콩물을 걸러 낸 다음에 남는 찌꺼기가 비지이다.

❹ 콩물을 가마솥에 끓이기_ 콩물을 넣기 전에 가마솥을 찬물로 식힌다. 콩물을 가마솥에 끓이면 거품이 생기는데, 거품을 완전히 제거 후 약불에 뜸을 들인다.

❺ 바닷물 넣기_ 이 단계가 중요하다. 바닷물을 서서히 넣어 준다. 바닷물의 농도나 양에 따라 다양한 두부의 맛이 나오기 때문에 초당두부는 바로 이 간수 맞추는 법이 비법이다.

❻ 순두부(초두부)완성_ 바닷물을 넣고 은근한 불로 가열하면 콩물이 서서히 응고된다. 이때 몽글몽글 콩물이 엉겨 초두부가 완성된다. 이렇게 만든 초두부를 순두부라 부른다. 초당 초두부는 어떠한 양념장을 넣지 않고도 그 자체로 간간한 맛이 난다.

김규태의 모두부 만들기

❶ 초두부 다음 단계에서 모두부를 만든다_ 엉겨붙은 초두부와 콩물을 천을 깐 네

모난 틀 안에 넣고 갓 엉긴 초두부를 조심스럽게 붓는다. 이때 자루 밖으로 나온 물을 두부 촛물이라고 한다.

② 촛물 빼기_ 초두부를 틀 안에 가득 채운 다음 뚜껑을 덮고 무거운 돌을 얹어 물기를 뺀다. 물을 뺄 때는 가끔씩 손 감각으로 살며시 눌러 보는데, 이는 두부의 굳기를 잘 조절해야 부드럽고 맛있는 두부를 만들어 낼 수 있기 때문이다.

③ 초당 모두부 완성_ 물기가 어느 정도 빠지면 단단해진 두부를 꺼내 네모난 모양으로 자른다. 자른 두부는 찬물에 잠깐 담궈 놓는데, 부드러우면서 단단해지도록 하기 위함이다.

◎ 원래 강릉에서는 순두부를 초두부라 불렀는데, 외지 사람들이 강릉에 와서 자꾸 순두부를 달라고 해서 응하다보니, 자연스럽게 초두부를 순두부라 부르게 되었다고 한다.

뽀글뽀글 되직한 빡작장에는,
막장

옛날부터 '그 집 음식 솜씨는 장맛을 보면 안다.'라는 말이 있을 정
도로 장맛은 한 집안의 음식 솜씨를 평가하는 기준이었다. 장은 발
효 과정을 통해 독특한 풍미와 함께 구수하고 깊은 맛을 낸다. 장
은 음식 맛을 좌우하는 기본 조미료이기에 장을 담글 때는 부정을
타면 안 된다고 믿어 정성을 다했다.

메주는 음력 시월쯤에 쑤어 겨우내 띄운 것을 사용한다. 콩을 삶
아 메주를 만들 때 방바닥에 볏짚을 깔고 하룻저녁 놓아두면서 표
면을 잘 말려야 한다. 표면이 충분히 마르지 않으면 볏짚에 묶어
매달아 두기도 어렵고, 또 해로운 검은 곰팡이가 슬고 썩을 수도
있다. 메주 덩어리는 네모나게 모양을 만들어 굳힌 다음 짚으로 사
방을 둘러 싸맨 후 매달아 놓고 말린다. 메주를 매달기 위해 비닐
끈으로 묶으면 안 된다. 반드시 볏짚을 사용해야 한다. 볏짚 속에

있는 바실루스균이 이로운 곰팡이를 만들어 주기 때문이다. 이렇게 메주를 매달아 놓고 말릴 때 방 안이 따뜻해야 누렇게 잘 뜬다. 방 안이 너무 추우면 메주가 뜨지 않고 썩을 수 있다.

메주가 알맞게 마르면 아랫목에 놓고 이불을 덮어 누룩곰팡이가 피도록 기다린 후 햇볕에 바싹 말린다. 그런 뒤 솔로 검은 곰팡이나 불순물을 털어 내고 깨끗하게 손질한 메주를 항아리에 담아 소금물을 부어 간장과 된장을 만드는 데 쓴다. 잘 말린 메주는 빻아 고추장이나 막장을 만든다. 어렸을 때는 엄마가 집에서 고추장을 담그는 날이 좋았다. 고추장을 만들 때 찹쌀가루를 익반죽해 동그랗게 링처럼 빚어 삶아 냈는데, 그것을 조청에 섞어 먹으면 쫀득해서 찹쌀떡을 먹는 느낌이었다.

강릉에서는 담가서 빨리 먹을 수 있는 막장을 된장보다 더 즐겨 먹었다. 간장을 뽑아내고 남은 메주로 담근 된장보다 막장은 메주를 갈아서 바로 만들기 때문에 맛도 좋고 영양가도 높다. 담근 지 열흘 정도 지나면 먹을 수 있다. 쌈장으로 먹기도 하고 수육이나 편육 먹을 때 양념장으로 쓰기도 한다.

이웃에 사는 홍화자(1949년생, 내곡동) 님께 막장 만드는 법을 배웠다. 아픈 손가락 같은 손주를 사랑하며, 떨어져 사는 아들이 좋아하는 파김치를 정성껏 담가 택배로 부치는 수고를 마다하지 않는 분이다.

홍화자의 막장 만들기

❶ 막장을 만들려면 메주를 방앗간에서 거친 듯하게 빻는다. 말린 고춧씨도 준비한다.

❷ 보리쌀은 불려서 엿질금을 넣고 섞은 다음, 물을 3배 정도 붓고 죽을 쑤듯이 끓인다. 보리밥을 해서 엿질금과 섞어서 해도 시간이 지나면 삭는다.

❸ 보리쌀죽이 다 된 다음 식힌다. 다음에는 메줏가루와 같은 고춧씨도 넣고 소금을 넣는다. 메줏가루가 한 말이면 소금을 큰 되로 세 되 비율로 넣는다.

❹ 잘 버무려서 소금이 녹을 때를 기다려 간을 본다. 예전에는 넓은 대야에 담고 메주 냄새가 날아가라고 하룻밤을 재웠다.

❺ 소금이 다 녹은 막장 반죽을 항아리에 담는다. 막장 반죽을 되직하게 한다.

ⓑ 항아리에 넣고 숙성시킨다. 6개월이면 메주 냄새가 날아가고 1년 지나면 막
장이 맛있게 익는다. 빡작장을 끓여 보리밥에 쓱쓱 비벼 먹으면 맛있다.

◎ 엿질금은 보리의 싹을 틔워 말린 식품으로 엿기름의 사투리로는 강원도나 경상도
에서 줄여서 질금이라고 부른다.

◎ 빡작장은 강된장이다. 된장이나 막장에 두부·우렁이·버섯·고기류 등을 넣어서
뽀글뽀글 되직하게 끓인 요리다. 강원도에서는 '뽁작장', '짜글이'라고도 한다.

겨울, 맛

긴 겨울, 눈이 내리고 어둠이 내리는 저녁이면 엄마가 차려 주신 밥상에도 온기가 가득했다. 콩가루에 김치를 송송 썰어 넣고 남은 국물까지 넣어 끓인 콩갱이국과, 고추장 양념으로 조린 도루묵은 속에서 알 덩어리가 오도독오도독 씹히는 맛에 먹었다. 늙은 호박으로 달달하고 부드러운 죽도 쒀 주셨고, 고구마도 구워 주셨다. 배부르고 따뜻했던 기억은 이제 그리움으로 남았다.

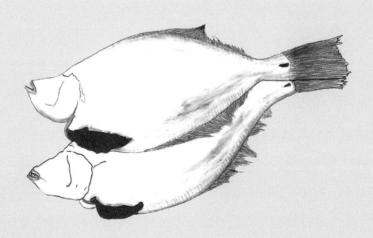

묵김치, 신김치에 싼 안주, 심퉁이

심퉁이와 도치는 동해안에서 잡히는 물고기이다. 불룩한 배가 심술부릴 때 튀어나오는 입을 닮아 그런 이름이 붙었을까. 하여간 이름만 다르게 부를 뿐 같은 물고기다. 6·25 전쟁 때 함경도에서 피난 온 사람들은 도치라 불렀고, 강릉 사람들은 심퉁이라고 불렀다. 수컷은 살이 많고, 암컷은 수컷보다 살이 적어도 알이 있어 먹을 게 많다. 심퉁이는 겨울인 1~2월 동안에만 잡을 수 있었다. 그물을 놔서 잡기도 했고, 채경발(수경)을 끼고 바닷속을 들여다보며 갈고리로 낚아채며 잡기도 했다.

혹은 해일 같은 너울성 파도가 치면 파도에 휩쓸려 해변에 올라오기도 했다. 바닷가 근처에 사는 사람들은 모래사장이나 바위에 널브러져 있는 심퉁이를 줍다시피 건져 집으로 가져가 요리해 먹었다.

추운 겨울 축구공처럼 배가 불룩한 심퉁이 한 마리와 김칫독에서 바로 꺼내 온 배추김치 한 포기면 아버지가 좋아하는 술안주는 물론 온 식구가 다 먹어도 넉넉한 저녁 반찬이 되었다. 오도독 씹히는 심퉁이알탕도 맛있었다. 뒷마당 빨랫줄에 빨래처럼 걸려 있던 심퉁이는 눈이 와도 속절없이 매달려 있었다. 심퉁이는 눈을 맞으면서 얼었다 녹았다를 반복하며 말랐다. 수분이 빠지면서 쫄깃해진 심퉁이와 신김치는 잘 어울렸다.

바다에서 잡아온 날 것의 심퉁이는 질겨서 칼로도 잘라지지 않는다. 반드시 끓는 물에 데쳐서 부글부글 허옇게 일어나는 진을 닦아 내고 먹어야 한다. 심퉁이의 배를 가르고 내장을 꺼내 데쳐 낸 후, 깨끗이 씻어 초고추장에 찍어 숙회로 먹어도 담백하다. 또 숭덩숭덩 썰어 김치와 함께 볶아 두루치기로 해 먹어도 맛있다.

사천진리 바닷가 마을에는 오래전 심퉁이 때문에 일어난 소동이 전설처럼 전해 온다. 6·25 전쟁 직후 함경도 쪽에서 피난 온 어부들이 심퉁이를 잡아서 먹는 방법을 자세히 알려 주지 않은 채 해변을 지키는 군부대원들에게 "회 쳐 먹어라!" 하며 줬다고 한다. 아마도 먹을 것이 부족했던 시절 군인들에게 특별한 맛의 생선을 먹이고 싶은 어부의 마음이었으리라. 원래 뜻은 "회로 먹어라"라는 뜻이었겠지만 군인들은 자신들을 무시해 욕하는 것이라고 오해했다. 먹는 방법을 알려 주지 않아 심퉁이를 통째로 펄펄 끓는 물에

데치니 껍질에서 허옇게 허물이 벗겨졌다. 그 모습을 보고 깜짝 놀라 먹지도 못하고 다 버리고 말았다고 한다. 화가 난 군인들은 한동안 북쪽에서 피난 온 어부들의 배가 바다로 나가지 못하게 어업 허가를 내 주지 않았다. 후에 오해가 풀려 군인들도 심퉁이 맛을 알게 되었다지만 소통 부재가 불러온 해프닝이었다.

강릉시 구정면 구정리에 사는 김해순(1954년생) 님은 어머니의 손맛을 물려받아 알뜰하게 살림하고 농사지으며 꽃을 가꾸며 살고 있다. 어릴 때 손수 두부를 만들고 술을 빚는 어머니를 보며 자라서인지 음식 솜씨가 남다르다. 김해순 님이 심퉁이두루치기와 심퉁이알탕, 심퉁이숙회 만드는 법을 알려 주셨다.

김해순의 심퉁이두룩치기

❶ 심퉁이는 배를 갈라 내장을 빼내고 끓는 물에 데친다. 하얀 거품 같은 껍질이 몽글몽글 일어나는데 흐르는 물에 씻으면 깨끗해진다.

❷ 물기를 빼고 하루 정도 바람에 말린다.

❸ 뽀닥뽀닥하게 마르면 먹기 좋게 손가락 길이만큼 자른다.

❹ 묵김치를 썰어서 냄비에 깔고 심퉁이를 파, 마늘로 양념해 넣는다.

❺ 김치와 심퉁이를 골고루 뒤섞으며 볶는다. 김치가 너무 익어도 안 되고 약간 아삭하게 무르면 된다. 먹기 전에 들기름을 적당히 넣어 먹으면 김치 맛과 어울려 맛있다.

심퉁이알찜

❶ 흐르는 물에 채반을 받치고 알을 설렁설렁 씻어 미끄덩한 점액질을 씻어 낸다.

❷ 씻은 알에 약간의 소금 간을 하고 보자기를 받치고 찜기에 찐다.

❸ 알의 색이 주황색에서 연한 분홍색으로 바뀌면 다 쪄진 것이다.

❹ 쪄 낸 알을 먹기 좋게 썰어 양념간장에 찍어 먹는다.

심퉁이숙회

❶ 심퉁이는 끓는 물에 데치는 과정이 중요하다. 오래 데치면 살이 질기고 씹기도

불편하다. 살짝 데쳐 꺼내야 한다. 간혹 큰 심퉁이는 두꺼운 부분이 덜 익을 수 있다. 잘라서 재빨리 끓는 물에 덤벙 담갔다가 꺼내면 된다.

❷ 데친 심퉁이는 찬물에 다시 헹구어 먹기 좋게 썰어 초고추장에 찍어 먹으면 맛 있다.

무가 살강 익을 때까지 끓인 후,
삼숙이

삼숙이는 강릉과 주문진, 속초 앞바다에서 잡히는 생선이다. 삼숙이의 표준어는 삼세기인데, 머리통이 몸의 절반쯤 되고, 머리 위에 뿔이 하나 툭 나와 있고, 턱과 머리와 뺨에 살이 흐늘흐늘 붙어 있다. 몸에는 우둘투둘 돌기가 있고 매끄럽지 않고 못생겨서 옛날에는 그물에 걸리면 재수 없다고 버리던 생선이었다. 그렇지만 삼숙이는 고추장이나 막장을 풀고 끓이면 시원하면서도 구수한 맛이 좋아 해장 음식으로 제격이다.

삼숙이를 손질할 때는 지느러미와 꼬리를 잘라 내고 내장을 뺀 뒤에 껍질을 벗긴다. 매운탕을 할 때는 5센티미터 길이로 토막 낸 삼숙이를 냄비에 담은 후에 고춧가루, 고추장, 파, 마늘을 넣고 얼큰하게 끓이면 된다. 한소끔 끓으면 미나리와 쑥갓을 넣는데, 삼숙이는 내장이 별로 없는 물고기여서 명태 곤이를 넣고 끓이면 내장의 깊은 맛을 더해 국물이 더 시원하다.

예전에 어부들은 삼숙이 한 마리와 벼 한 말을 바꾸어 먹었다고 한다. 그건 삼숙이 머리가 매우 컸기 때문이다. 또 삼숙이는 이빨이 세 줄이라 손가락을 집어넣고 흔들면 더 세게 문다. 자칫 손가락을 잃을 수 있을 만큼 강하게 물기도 한다.

사천진리에서 만난 유종구 할아버지(1938년생)가 들려준 삼숙이와 관련한 이야기가 재미있다. 옛날에 촌에 살던 노인이 바닷가 마을에 갓을 쓰고 도포를 입고 와서는 양반 행세를 하며 거드름을 피웠단다. 이를 고깝게 여긴 주막집 주인이 막걸리 한 잔을 내놓으며 삼숙이를 가리키며 이렇게 말했다.

"이 물고기는 양반, 상놈을 아는 놈입니다. 양반은 안 물고 상놈은 물어요."

이 말을 들은 노인은 자신이 양반이라는 것을 증명하기 위해 삼숙이 입에 손을 넣었다. 그때였다. 삼숙이는 큰 입을 벌려 노인의 손을 덥석 물었다. 노인은 깜짝 놀라 아프다고 소리치면서 손을 빼려고 했다. 그때마다 고통스러워하는 노인의 형편은 아랑곳하지 않고 삼숙이는 더욱 세게 손을 물고 놓아 주지 않았다. 그러자 주막집 주인은 "에이 나쁜 놈, 쌍놈이 양반 행세를 했구먼." 하면서 삼숙이 머리 뒤의 눈 사이를 콱 집었다. 그러자 삼숙이가 꽉 물고 있던 입을 벌렸다. 어설프게 양반 행세를 하려던 노인은 창피를 당

하고 꽁지가 빠져라 도망갔다고 한다. 강릉 중앙시장 2층에 있는 삼숙이탕 맛집인 〈해성집〉 주방은 현지인은 물론 관광객들의 발길에 분주하다.

충청도에서 태어나 공군부대에서 복무하는 남편을 따라 강릉에서 40여 년째 살고 있는 강종순(1958년생, 회산동) 님만의 비법을 담은 삼숙이탕 조리법을 배웠다.

강종순의 삼숙이탕

❶ 삼숙이는 입이 크고 이빨이 뾰족해 손질할 때 찔리지 않게 주의한다.

❷ 먼저 냄비에 물을 붓고 무를 납작납작하게 썰어 넣는다. 고추장은 한 마리당

한 술갈 정도 넣고 무가 살강하게 익을 때까지 푹 끓인다.

❸ 끓은 국물에 삼숙이를 넣고, 양념을 첨가한다. 고춧가루, 다진 마늘, 파, 채 썬 양파를 넣고 끓일 때 소금도 한 스푼 넣는다. 이때 소주 1잔을 넣고 끓이면 비린내가 없어진다.

❹ 한소끔 끓은 후 쑥갓, 미나리, 콩나물, 느타리버섯을 넣고 한소끔 더 끓인다.

❺ 삼숙이탕은 국물이 깔끔하고 시원해서 밥과 함께 먹어도 좋고 해장국으로 먹어도 좋다.

살이 야들야들 보들보들,
망챙이

물망치, 망치라고도 부르는 망챙이는 강릉·동해·삼척 앞바다 수심 30~50미터에서 사는 심해 어종이다. 아귀 사촌쯤 되는 이 생선의 학명은 '고무꺽정이'인데, 강릉 방언으로는 '망챙이'라고 부른다. 예전에 수산물이 풍부하던 시절에는 가격도 싸고 맛도 없다고 해서 생선 취급도 못 받았다. 이렇게 천대받던 생선도 최근 들어 어족 자원이 줄어들면서 귀한 대접을 받고 있다.

망챙이는 머리도 크고 기괴하게 생겨 못난이 생선으로 알려졌지만 그 맛은 일품이다. 껍질에 진액이 많아 오래 끓일수록 단맛이 우러나 얼큰하면서도 달큰한 맛이 점점 깊어진다. 하얀 속살은 쫄깃하고 껍질은 흐물흐물하면서도 쫀득쫀득해 망챙이를 처음 먹어보는 사람도 부담 없이 먹을 수 있다. 망챙이는 사계절 잡히지만 알이 잔뜩 밴 겨울이 제철이어서 겨울에 먹는 망챙이는 더 별미다.

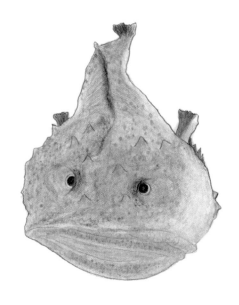

　망챙이는 온몸이 끈적한 진액으로 둘러싸여 미끄덩하다. 진이 많은 바닷고기는 탕으로 끓일 때 더 맛있다. 망챙이는 사실 먹을 것도 별로 없고 가시가 많아 발라 먹을 때도 성가시기 때문에 대부분 탕으로 먹는다. 살이 야들야들하고 보드랍고 국물이 시원해 한 번 먹어 본 사람은 반드시 다시 찾는 매력적인 음식이다. 탕을 끓일 때 바닷고기와 밀가루는 궁합이 맞지 않기에, 민물 매운탕에 많이 들어가는 수제비 대신 두부를 넣으면 더 맛있게 먹을 수 있다.

　강릉시 내곡동 남대천이 흐르는 돌다리 근처에서 생선구이와 매운탕을 파는 〈일미 소문난 생선구이〉 집에서 김미남(1964년생)님에게 망치 매운탕 끓이는 비법을 소개받았다.

김미남의 망치탕(망챙이탕)

❶ 망치는 머리가 크고 가시가 많아 손질할 때 찔리지 않게 주의해야 한다.

❷ 배를 가르고 내장은 버리고 밥통만 꺼내 깨끗하게 씻어 탕을 끓일 때, 넣을 준비를 해 둔다.

❸ 먼저 무, 고추장, 고춧가루, 천일염(한 꼬집)을 넣고 끓인다. 물이 부글부글 끓을 때 망치를 넣고 한소끔 끓인다. 이때 끓는 물에 망치를 넣어야지 생선 살이 탄력 있고 통통하다. 미리 넣고 끓이면 생선 살이 흐물흐물해진다.

❹ 망치탕이 끓으면 마늘, 파를 넣고 한소끔 끓으면 고명으로 팽이버섯, 쑥갓, 고춧 가루 약간, 후추를 넣고 한소끔 더 끓인다.

◎ 망치탕은 잔뼈가 많으나 시원하고 맛이 담백하고 부드럽다.

험상궂으나 흐물흐물, 곰치

동해안에서 나는 못생긴 어류 중의 하나로 꼽는 곰치는 통통하고 부드러운 몸집에 미끄러운 촉감을 가졌다. 흉측하게 보이는 생김새에 살도 흐물흐물해 예전에 바다에 나간 어부들이나 먹었지 생선 취급도 하지 않던 물고기였다. 어부들이 잡았다가도 물에 휙 던져 버리는 경우가 많았는데, 이때 물에 빠지는 소리를 비유해 '물텀벙이'라 부르기도 했다.

곰치의 정식 명칭은 '미거지'이지만 물텀벙이, 물곰, 곰치라고도 부른다. 물곰에 김치를 넣고 끓이니 '물곰치' 혹은 '곰치'라 불렀다고 한다. 살이 무르고 부드럽기 때문에 냉동 보관도 할 수 없고 양식은 더욱 안 되는 귀한 생선이다. 겨울철에만 만날 수 있기에 몸값이 높다. 곰치 수컷은 성숙하면 검은색으로 변해 흑곰이라고도 부른다. 생긴 게 퍽 비호감인데 맛은 암놈보다 좋다. 암컷은 붉은

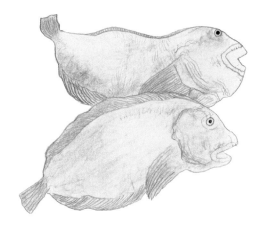

빛을 띤다. 곰치는 싱싱할수록 윤이 반짝반짝 나고 미끌미끌하다.

속초나 고성 지역에서는 곰칫국을 끓일 때 무를 넣고 양념은 진하지 않게 거의 맑은 지리 형태로 끓인다. 주문진이나 강릉, 삼척 쪽에서는 묵은지와 콩나물, 고춧가루를 넣어 얼큰하게 끓여 먹는다. 곰칫국은 술꾼들의 해장국으로 인기가 높다. 살이 많은 데다 험상궂은 외모와는 달리 부드럽고 흐물흐물한 식감이 시원하다. 따뜻한 국물이 사르르 넘어갈 때 굳어 있던 위장이 풀리면서 온몸에 혈액 순환도 잘 되기 때문이다.

강릉에서 나고 자랐지만 어렸을 때 곰칫국을 먹을 줄 몰랐다. 그러다 주문진에서 성장기를 보낸 남편이 좋아하길래 끓이는 법을 배웠다. 내게 곰칫국 끓이는 것은 가르쳐 준 사람은 다름 아닌 남편 김영달 님이다. 끓이는 비법이라면 미리 육수를 준비해 두는 것인데, 육수 내는 방법은 간단하다. 북어 대가리 두 개와 시원한 맛을 내기 위해 무를 넣고, 달짝지근한 감칠맛을 내기 위해 양파를 넣고 50분 정도 푹 끓이면 된다. 이 육수를 넣고 끓이면 개운한 곰칫국을 뚝딱 만들어 낼 수 있다.

곡절과 시련이 많고 변화가 심하던 인생이 긍정적인 쪽으로 형세가 바뀌게 된 모습을 보고 인생역전이라고 한다. 곰치도 인생역전인 듯 동해 겨울 바다의 귀하신 몸이 되었다. 곰칫국 끓이는 방법은 집에서 해 먹는 방법을 적었다.

김영달의 곰칫국

❶ 곰치를 깨끗하게 손질해 2~3토막을 낸다.

❷ 곰치는 처음부터 넣고 끓이면 안 된다. 무를 납작납작하게 썰어 넣고 팔팔 끓이다가 곰치를 넣는다.

❸ 이때 묵은지를 송송 썰어 넣거나 콩나물이나 팽이버섯, 향긋한 미나리와 대파, 다진 마늘을 넣고 끓인다.

❹ 국간장과 소금으로 간을 한다. 칼칼한 맛을 내기 위해 청양고추도 송송 썰어 넣고, 얼큰한 맛을 내기 위해 고춧가루도 넣어 한소끔 더 끓이면 완성이다.

바닷물이 차져 모래 위로 오를 때,
양미리

사시사철 싱싱한 수산물이 넘쳐나는 동해안 항구는 새벽부터 치열한 삶이 펼쳐진다. 9월에서 12월 말까지 강릉·주문진·속초 앞바다에서 양미리가 많이 잡힐 때는 항구도 덩달아 활기가 넘친다. 여느 물고기들과는 달리 바닷속 모랫바닥에서 주로 서식하는 양미리는 날씨가 추워지면 모래 위로 올라오는데, 이때 그물을 놓아 양미리를 잡는다고 한다. 어부들 말에 따르면 강릉 사천 앞바다 모래가 좋기에 양미리가 다니는 길목에 그물을 던져 놓으면 많이 잡혔다고 한다.

어린 시절 엄마는 양미리가 많이 잡히는 계절이 오면 양미리를 양동이에 한가득 사 와서 끈으로 묶어 처마 밑에 꾸덕꾸덕 말렸다. 너무 흔해서 꽁치보다 못한 대접을 받았던 양미리지만 부담 없는 가격의 반찬이었다. 반건조 상태로 말린 양미리조림은 도시락 반찬으로도 자주 등장했다. 엄마가 연탄불에 구워 준 양미리를 호호 불어 가며 먹은 기억이 있다. 별다른 간식거리도 없던 어린 시절에 먹었던 양미리의 담백한 맛과 탁탁 입안에서 터지던 양미리 알의 맛은 지금도 잊을 수 없다. 양미리는 알이 탱탱하게 찼을 때가 제맛이다.

양미리에는 칼슘은 물론 불포화 지방산, 필수 아미노산, 철분, 비타민 등이 많이 들어 있다. 성장기 어린이가 먹으면 키가 쑥쑥 자라고, 노인에게는 골다공증 예방과 피로 회복에 도움을 준다.

양미리는 말려서도 먹고 생것으로 먹어도 좋다. 무나 감자를 깔고 고추장과 고춧가루로 만든 양념장을 넣어 매콤하게 졸여서 갓 지은 밥과 먹으면 다른 반찬 없이도 한 그릇 뚝딱이다. 갓 잡은 양미리에 소금을 살살 뿌려 구워 먹어도 좋다.

바다에 나가는 어부들이 양미리를 넣고 끓인 육수에 막장이나 고추장을 풀어서 푹 끓여 먹던 것이 장칼국수의 시초라고 한다. 지금은 별미로 여기지만 양미리는 고된 노동을 이기는 위로의 음식이자 허기를 달래 주는 밥이었다.

양미리구이, 양미리조림, 양미리찌개를 만드는 방법은 어린 시절 소꿉친구이자 가장 오래된 친구인 송은심의 어머니 박용숙 (1942년생, 홍제동) 님이 알려 주셨다.

박용숙의 양미리 요리들

◎ 양미리는 보통 집에서 세 가지 방법으로 조리해 먹는다.

❶ 양미리구이는 생것을 그대로 프라이팬이나 석쉬에 소금을 살짝 뿌려 구워 먹으면 된다.

❷ 양미리조림은 꾸덕하게 뽀닥하게 말린 것을 양념장을 끼얹어 졸인다.

❸ 양미리찌개는 무를 깔고 양념장을 넣고 물을 잘박하게 붓고 끓인다. 끓기 시작하면 불을 낮춰 시나미(시나브로의 강원도 사투리) 졸인다. 다 되면 양념이 배어 색깔이 짙어진다. 그때 꺼내서 밥과 먹는다.

◎ 양미리는 알이 찼을 때, 통통하고 맛있다. 비리지 않고 담백하고 좋다. 뼈째 씹어 먹어도 괜찮다.

노란 기름이 동동 뜨면,
도루묵

추운 겨울, 온 가족이 둘러앉은 밥상 가운데에 도루묵이 놓여 있었다. 도루묵은 찌개나 구이, 조림 등으로 다양하게 요리할 수 있다. 바닥이 평평한 냄비에 무를 깔고 도루묵을 얹고 간장이나 고추장을 풀어 만든 조림은 없던 밥맛도 생기게 하는 맛난 반찬이었다. 살이 오른 도루묵은 기름져도 비리지 않아 담백하고 고소하다. 게다가 가시가 연하니 굽거나 조림을 해도 가시째 그대로 먹을 수 있어 칼슘 섭취에 효과적이다. 김장할 때 생태 대신 속에 넣어도 김치 맛이 시원해진다. 몸통에 비해 알집이 굉장히 커서 알을 주로 먹기도 하는데, 톡톡 터지는 도루묵 알은 치즈처럼 길게 늘어나고 미끄덩해서 별미이다.

도루묵이라는 말을 처음 들으면 도토리·메밀·녹두 등을 맷돌에 갈아 가라앉힌 앙금을 되게 쑤어 굳힌 식품의 한 종류인 묵인가?

생각하기 쉽다. 또 열심히 노력했지만 아무 소득이 없는 헛된 일이나 헛수고를 두고 '말짱 도루묵'이라고 한다. '도루묵'이라는 말에는 선조 임금과 관련된 이야기가 전해진다. 임진왜란 때 왕이 피난을 가다 '묵'이라는 생선을 먹어 보고는 맛이 좋다며 '은어'라는 이름을 지어 줬다고 한다. 그런데 전쟁이 끝나고 궁궐에 돌아온 뒤에 다시 먹어 봤더니 맛이 너무 없어서 "도로 묵이라고 해라."고 했단다. 이 '도로 묵'이 '도루묵'이 되고, 앞에 '모두'라는 뜻의 '말짱'이 붙었다는 이야기가 전한다.

도루묵은 추석 무렵 연안에 나타나기 시작한다. 이때는 좁쌀 같은 알을 배고 있어 기름지고 맛있다. 추석이 지나면 알은 차츰 굵어지며, 11월부터 12월까지 수심 1미터 안팎의 해안가 수초나 바위틈에서 산란한다. 어부들의 이야기를 들어 보면 도루묵은 모래 속에 코만 내놓고 있다가 해가 뜨면 밖으로 나온다고 한다.

도루묵이 예전처럼 잡히지 않아 지금은 귀한 몸이 되었지만, 파도가 심하게 치는 날이면 모래밭으로 밀려 나와 그냥 주워 오기도 할 만큼 흔했던 때가 있었다고 한다. 한때는 잡히는 대로 일본으로 곧바로 수출되기도 했다.

도루묵찌개 조리법은 공군 군무원으로 퇴직한 후 강릉그린실버 악단에서 음악 지도와 노인복지관에서 생활한문 지도를 해 온 이희명(1941년생, 옥천동) 님이 써 주셨다. 사실 음식 솜씨가 좋아서 식

당을 한 경험도 있는 부인 김명자 님께 부탁할 예정이었는데, 그만 허리를 다쳐 거동이 불편한 상태였다. 그래서 부인이 또박또박 알려준 조리법을 이희명 님이 듣고 전해 주었다.

김명자의 도루묵찌개

❶ 도루묵을 깨끗하게 손질한다.

❷ 양념은 대파, 풋고추, 양파를 송송 썰고 마늘은 다진 다음, 진간장을 넣고 소금을 약간 넣어 양념장을 만든다.

❸ 감자나 무를 납작하게 썰어 넓적한 냄비에 깐다. 그 위에 양념장을 솔솔 뿌리고 손질한 도루묵을 얹는다.

❹ 도루묵 위에 다시 양념장을 끼얹고 뚜껑을 덮고 중간불에 끓인다. 5분 정도 지난 후 무가 익었나 젓가락으로 찔러 봐서 익었으면 꺼낸다. 다 된 찌개는 노란 기름이 동동 뜨는데, 숟가락으로 떠서 밥과 국물을 비벼 먹으면 밥 한 그릇을 너끈히 비울 수 있다.

◎ 또 소쿠리에 건져 물기를 뺀, 도루묵을 프라이팬에 정성껏 굽는다. 이때 타지 않게 기름을 약간 두르고 중간불에 익힌다. 구워지면 꽁지 쪽을 쥐고 대가리에 붙은 뼈를 쭉 빼낸다. 맑은 간장에 찍어 먹으면 임연수어보다 더욱 맛있다. 어릴 때는 도루묵 알을 쪄서 호주머니에 넣고 다니면서 즐겨 먹었다.

실고추, 흑임자 뿌리고 참기름 넣고, 명태

가히 국민 생선이라 불러도 손색이 없는 명태. 불과 수십 년 전만 해도 동해에서 많이 잡혔는데 요즘은 그렇지 못해서 안타깝다. 기후 변화로 바다 수온이 높아진 것이 가장 큰 원인인 듯싶다.

명태를 부르는 이름도 다양하다. 살아 있는 것은 '생태', 꽁꽁 얼어 있는 것은 '동태', 꾸덕꾸덕 말린 것은 '코다리', 얼었다 녹았다를 반복하며 말린 '황태', 새끼를 말하는 '노가리' 등이 모두 명태를 일컫는 말이다. 예전에는 명태를 잡으면 짚으로 머리 부분의 코 아래턱에 꿰어 두 마리씩 묶어 덕장에 걸어 두고 말렸다. 그런데 그물이나 낚시로 명태를 잡으면서 주둥이가 떨어져 나가 짚으로 꿸 수 없게 된 것도 있었는데, 이런 명태로는 북어를 만들 수 없었다. 그래서 꼬리나 배에 짚을 꿰어 하루 이틀 꾸덕꾸덕 널어 말린 다음 반찬으로 해 먹었다. 이렇게 꾸덕꾸덕 널어 말린 것을 코다리라고 하는데, 왜 이름을 '코다리'라고 붙였을까? 코다리라는 이름이 재미있어서 그 유래를 한번 생각해 보았다. 그건 아마도 판장에서 작업 중 "코 떨어진 것 가져와!" 하다가 발음하기 쉽게 '코 떨이'가 되고, '코또리'가 되고, '코다리'로 된 것이 아닌가 싶다.

명태가 제 역할을 톡톡히 하는 때는 겨울이다. 단단한 무를 골라 숭덩숭덩 썰어 넣고 매운 고춧가루를 좌~악 풀어 동태찌개를 끓여 먹자면, 콧잔등에 땀이 송골송골 돋는다. 한겨울 찬바람에 코가 맹맹하고, 콧물이 훌쩍거리고, 코끝이 벌렁벌렁하다가도 찌개의 시원한 국물과 함께 동태의 부드러운 살이 입안으로 들어가는 순간, 추위로 움츠렸던 어깨가 쫘~악 펴진다.

남편이 어릴 때 자란 곳은 주문진이다. 시아버님은 서른여섯에 병으로 세상을 떠났다. 서른둘에 혼자가 된 시어머님이 사 남매를 키운 삶의 터전은 주문진 어판장이었다. 명태잡이가 풍년이던 시절, 오후 늦게 명태를 잡은 배가 방파제를 돌아 어판장에 들어오면 입찰이 이루어졌다. 최고가 낙찰로 명태를 산 화주는 손수레에 실어 할복장으로 옮겼다. 그곳에서는 대관령 황태 덕장에 보내 겨우내 건조시킬 명태의 배를 가르는 작업을 했다. 건조를 위해 부패하기 쉬운 명태의 내장은 모두 꺼냈다. 내장 중에서도 값나가는 명란과 어간유는 화주의 몫이었고, 창자(창란)는 배를 가른 사람들이 인건비 대신 가져갔다.

매서운 찬바람을 맞으며 밤새도록 일한 노동의 대가로 받은 창란도 그대로 돈이 되는 것은 아니었다. 온 가족이 총동원돼 하루 종일 수천 마리의 내장 속 똥을 제거하고 깨끗이 씻어서 적당히 불린 다음에 젓갈 공장에 갖다 팔아야 비로소 돈을 만질 수 있었다. 창란을 판 대가로 공장에서 돈을 받아오기까지 할복 작업, 코다리 솎아 내는 작업, 내장 속 분변 제거 작업까지 세 공정을 모두 거쳐야 했기에 고달프고 길고 지루한 작업의 연속이었다.

내장을 제거한 명태는 두 마리씩 볏짚으로 엮어 덕장에 널어 말릴 수 있도록 예비 작업을 해야 했다. 밤 12시경 시작된 작업은 다음 날 눈이 펑펑 내려도, 진눈깨비가 비처럼 내려도 멈출 수 없었다. 한 사람이 하루 동안 평균 2,000마리 정도를 꿰었다고 한다.

명태 배를 가르는 어머니 옆에서 남편도 그 일을 도왔는데, 아홉 살부터 고등학교를 졸업할 때까지 매년 겨울이면 그 일을 반복했다고 한다. 변변한 우비나 고무장갑, 고무장화도 없던 시절이었고, 손놀림을 멈출 수 없기에 허리 한 번 펼 새도 없이 쪼그리고 앉아 그 힘든 일을 했다고 한다. 지금 생각해도 어릴 적부터 어머니를 도운 남편도, 가족을 위해 사신 어머니도 너무나 큰 산처럼 느껴진다.

어릴 때 생선 가게 아줌마는 닭 잡을 때나 쓸 것 같은 큰 칼로 꽝꽝 언 동태를 내리쳐 누런 종이에 둘둘 만 뒤 지푸라기로 묶어 팔

왔다. 저녁 밥상에 동태찌개가 오르면 동생들과 동태의 하얀 속살
을 먼저 먹겠다고 찌개를 뒤집고 소란을 피웠다. 그런데 남편이 명
태찌개를 먹는 모습을 보면서 한 가지 특이한 점을 발견했다. 그것
은 명태의 하얀 눈알을 파서 먹는 것이었다.

'어떻게 눈알을……'

뜨악한 표정으로 바라보는 시선에도 아랑곳없이, 남편은 명태
눈알을 먹어야 명태찌개를 먹은 것 같다고 했다.

"눈알이 그렇게 맛있어요?"

"맛있지. 담백하고 얼마나 고소한데. 비타민A도 많이 들어 있고
눈도 밝아져."

하긴 '명태'라는 이름이 붙게 된 유래도 그 이름과 무관하지 않다. 우리나라에서 가장 험한 지역이라는 함경도 삼수三水와 갑산甲山은 산세가 험한 데다가 매우 추운 지역이어서 예전부터 중죄인을 귀양 보내는 적소(謫所, 귀양지)로 손꼽혔다. 이 지역에 사는 사람들 중에는 먹을 것이 귀해 영양 부족으로 눈이 침침해진 사람들이 많았다고 한다. 이때 바닷가 마을을 찾아가 명태 간을 먹고 돌아오면 눈이 밝아진다고 해서 명태明太로 불렸다는 속설이 전해진다. 또한 함경도 산골에서는 명태 간으로 등잔불을 밝힌다 해서 '밝게 해 주는 물고기'라는 뜻의 명태라고 했다는 말도 있다.

남편은 명태의 눈과 관련한 추억을 풀어 놓았다. 1960년대의 어린 시절, 봄이면 대관령에서 말린 북어가 다시 주문진으로 내려왔다고 한다. 말린 북어는 크기에 따라 대태, 중태, 소태로 나누고, 스무 마리씩 꼬챙이에 꿰어 한 두름을 만들었다. 이렇게 100두름(1바리, 2000마리)을 만들어 판장에 쌓아 두었다고 한다. 남편은 거기서 일하시는 어머니를 거들다 주인 몰래 명태 눈알을 싸리꼬챙이로 파서 먹었다고 한다. 완벽한 범죄(?)를 위해 명태 눈알만 꺼내고는 반질반질한 표면의 껍질로 살짝 덮어 놓았단다. 식량도 부족하고 변변한 간식거리도 없던 그 시절, 양쪽 주머니에 불룩하게 넣고 다니며 먹었던 명태 눈알은 자신의 유일한 영양 공급원이었다고 말하는 남편의 웃음 뒤로 가난한 시절의 슬픈 그림자가 보였다.

명태를 재료로 한 요리는 참 다양하다. 요리책을 뒤적여 보니 36종류나 되었다. 북어 껍질로는 어글탕을 끓이고, 눈알로는 명태 눈 초무침을 만들고, 대가리와 뼈를 삶아 낸 물은 김장 젓국으로 쓴다. 명태는 정말 버릴 게 하나도 없다. 아가미부터 껍질, 눈알까지 알뜰하게 다 먹을 수 있어 효용이 뛰어난 명태이지만, 속담 표현에서는 인색하기 짝이 없다. 명태의 입장에서는 참으로 억울할 노릇이다.

명태 만진 손을 씻은 물로 사흘 국 끓인다. (인색한 삶을 탓함)
북어 껍질 오그라들 듯한다. (일마다 이루어지지 않거나 발전이 없음)
북어 한 마리 주고 제사상 엎는다. (보잘것없는 걸 주고 큰 손해를 입힘)
북어 뜯고 손가락 빤다. (크게 이득도 없는 일을 하고서 아쉬워함)
노라기 까다. (오랫동안 수다를 떪)

엄마에게 배운 생태찌개 만드는 방법은 간단하다. 눈빛이 선명한 생태 한 마리를 토막 치고, 파와 무, 곱게 빻은 고춧가루를 넣고 소금으로 간을 해 끓이면 된다. 국물이 맑고 투명한 기름이 송송 떠오르면 생태찌개가 완성된 것이다. 매콤한 고춧가루가 들어가니 칼칼하면서도 담백하고, 생태 특유의 고소한 맛이 입에 감긴다. 하얀 속살은 윤기가 돌면서 쫄깃하고 뒷맛은 달다. 국물이 시원한

것은 말할 것도 없다. 어린 시절을 주문진에서 보낸 정희경(1952년
생, 교동) 님께 코다리강정 만드는 방법을 배웠다. 정희경 님은 도서
관 〈자서전쓰기반〉 수강생으로 만난 김영학 님의 부인이다. 음식
솜씨가 좋은 것은 물론이고 부지런한 살림꾼이다. 남편이 항암 치
료를 받느라 입맛을 잃었을 때 쇠미역간장무침, 가자미식해, 약밥
을 만들어 주셨다. 어린 시절 주문진 바닷가 마을의 추억이 쌓인
음식을 먹으며 남편은 기운을 차렸다. 아픈 남편을 위해 만들어
주신 배려와 정성이 느껴져 뭉클했다.

　따뜻한 마음이 가득한 음식이었다.

정희경의 명태 코다리강정

● 코다리(명태가 반쯤 마른 것)를 포로 떠서 소금과 후추로 밑간한다.

● 밑간이 밴 코다리를 토막을 쳐서 전분 가루를 묻혀 튀긴다.

● 조림 양념장을 만든다. 간장만 넣으면 빛깔이 희미해 먹음직스럽지 않다. 흑설
　탕 약간, 진간장, 마늘 다진 것을 넣고 팬에 졸여 준다.

● 졸여진 코다리에 실고추와 흑임자를 뿌려 참기름 넣고 버무려 완성한다.

명태 아가미를 엿기름에 재운,
서거리 깍두기

예전에 어부들은 명태를 잡기 위해 배를 타고 바다로 50리쯤 나갔
다. 어군탐지기도 없던 시절에 어떻게 그물을 던지고 배를 고정시
켰을까? 그것은 오랜 경험에서 나온 어부의 지혜로 그물을 던질
위치를 판단했다. 사천진리에서 만난 유종구(1938년생) 어르신은
직접 배를 몰고 바다에 나갔던 선장의 경험을 떠올리며 명태 잡던
이야기를 들려주셨다.

바다에서 육지 쪽을 보며 산봉우리 사이에 배를 정박시키고 그물을
던졌지. 또 명태는 동지 팥죽 먹을 때쯤이 끝물이라 그때가 지나면 잘 잡
히지 않아. 산란기가 된 명태는 입 주변이 발갛고 반들반들하고 꼬리를
살랑살랑 흔들며 헤엄을 치지. 마치 결혼을 앞둔 처녀가 예뻐지는 것처
럼. 명태는 그물을 던져서 잡기도 하고 낚시로 잡기도 해. 양미리나 오징

어를 잘라 간을 하고 들기름을 발라 낚시코에 끼워 던지면 냄새가 고소하니까 명태가 몰려들지. 그때 잡으면 돼. 어망으로 잡는 명태보다 낚시로 잡는 명태가 훨씬 크고 상태가 좋아."

바다에서 차가운 겨울바람을 견디며 힘들게 잡은 명태는 버릴 게 없다. 다른 지역에서는 먹지 않고 버리는 아가미를 동해안 북쪽에서는 나박김치나 깍두기를 담글 때 넣는다. 명태 아가미를 강원도 사투리로 '서거리'라고 하는데, 갓 잡은 명태에서 떼어 낸 서거리는 분홍빛으로 붉다. 이 서거리를 깨끗이 씻어 깍두기를 담글 때 함께 버무려 넣고 푹 삭히면 숙성되어 부드러워지고, 씹으면 달큼한 맛이 난다. 돌아가신 친정엄마나 시어머니가 맛있게 담가 주셨는데 돌아가시고 나니 그 맛을 다시 맛볼 수 없어서 아쉽다. 서거리를 넣은 깍두기는 유난히 더 아삭하고 맛있다. 생태탕에 밥을 말아 먹을 때 서거리깍두기 국물도 함께 떠서 먹으면 더 시원한 맛을 느낄 수 있다. 엄마의 손맛이 담긴 서거리깍두기는 다시는 먹을 수 없지만, 맛을 기억하는 한 엄마는 떠나지 않고 가슴 속에 늘 살아 계신다.

주문진에서 성장기를 보낸 정희경(1952년생, 교동) 님이 서거리깍두기 담그는 방법을 들려주셨다.

정회경의 서거리깍두기

◎ 재료는 서거리(명태 아가미), 무, 대파, 양파, 고춧가루, 소금, 다진 마늘, 다진
생강, 멸치액젓, 새우젓, 찹쌀풀, 배, 엿기름, 설탕이다.

❶ 싱싱한 명태 아가미에 소금을 넣고 주물러서 핏물과 이물질이 없도록 맑은 물이
나올 때까지 빨아 준다.

❷ 붙어 있는 아가미를 낱낱이 떼어서 엿기름에 재워 둔다.

❸ 무는 깨끗이 손질하며 깍둑 썰어서 소금에 30분간 절여 둔다.

❹ 대파는 손질하여 어슷 썰어 둔다.

❺ 양파, 배는 믹서에 갈아 둔다.

❻ 절여진 무를 건져서 소쿠리에 담아 물기를 뺀다.

❼ 무에 고춧가루를 넣고 색을 낸 후 서거리와 갈아 둔 양파, 배, 마늘, 생강, 액젓, 찹쌀풀, 새우젓,

대파, 설탕을 넣고 버무려 준비한 그릇(항아리나 김치통)에 담아 실온에서 3~4일간 숙성시킨 후

냉장 보관한다.

❽ 완성된 서거리깍두기는 냉장 보관하며 적당량을 꺼내 먹는다.

◎ 서거리는 엿기름을 반드시 넣어야 뼈가 삭혀져서 뼈째로 먹을 수 있다. 그래

야 유산균, 칼슘, 단백질을 풍부하게 섭취할 수 있다.

맛과 추억으로

빛나는

별식

강원도는 척박한 자연환경에서 자란 곡식을 활용해 만든 별식이 많다. 감자·옥수수·메밀·수수·조·도토리·산나물 등으로 만든 음식에는 강원도 사람들의 세월의 빛과 그림자가 농축되어 있다.

설날이 가까워 오면 어른들은 조청을 만들고 쌀을 씻어 떡을 할 준비를 했다. 시루에 쪄 낸 떡을 이 집 저 집 갖다 주고 오라는 심부름을 나설 때면 경쾌한 발걸음에 콧노래까지 나왔다. 눈이 소복하게 쌓인 길을 딛고 갈 때면 마음이 포근했고, 희미한 가로등이 비추는 어두운 골목을 지나도 무섭지 않았다.

지금은 예전보다 먹을 것이 흔하고 온갖 식재료로 만든 맛있는 음식이 넘쳐 나지만, 예전에 먹던 음식이 그리운 건 왜일까? 사람은 맛으로, 그리움으로 사나 보다.

도토리와 구람범벅

'도토리 키 재기'라고 하지만 도토리라고 다 같은 건 아니다. 길쭉한 것, 통통한 것 등 크기나 모양이 도토리마다 다르다. 도토리는 산에서 들의 논을 보고 자란다는 말이 있다. 흉년이 들면 열매가 더 많이 달리는 구황작물이기 때문이다. 식량이 부족했던 시절에 곡물처럼 귀한 대접을 받았던 도토리는 자연이 주는 귀한 선물이었다.

바람이라도 불면 도토리는 후드득 빗방울 소리를 내며 떨어진다. 그런데 요즘은 산책길에 우수수 떨어져 있는 도토리를 보고도 탐내지 않고 지나치는 경우가 대부분이다. 정부와 환경단체들이 다람쥐와 청설모 등 야생동물 보호 차원에서 겨울 식량감인 도토리를 따거나 줍지 못하도록 등산객들을 대상으로 홍보와 계도 활동을 지속하고 있기 때문이다.

"야생동물의 먹이 도토리를 주워 가지 마세요."

국립공원 안에서 도토리 채취를 하다 적발될 경우 자연공원법 제29조에 근거, 과태료를 부과한다.

어렸을 때는 도토리를 구람 또는 굴밤이라고도 했다. 구람이 도토리의 강원도 사투리임을 어른이 되어서야 알았다.

도토리로 음식을 만들기까지는 까다로운 손길을 거친 인내와 정성이 필요하다. 가을 추석 무렵이면 주어 온 도토리를 오랜 기간 보관했다 먹기 위해 가마솥에 쪄서 말렸다. 도토리는 진한 커피색이 나올 때까지 푹 삶고, 껍질이 터져 속살이 보일 쯤 건져서 뜨거운 햇볕에 바짝 말린다. 마당가에 도토리를 헤쳐 놓고 말리다 껍질이 톡톡 터지면 벗겨 내고 물을 부어 2~3일 동안 우려낸다. 도토리의 떫고 쌉쌀한 맛을 빼기 위해 물을 자주 갈아 줘야 하는데, 누렇던 물이 맑은 물이 될 때까지 수차례 반복해야 떫은맛이 없어진다.

이렇게 얻은 도토리는 묵이 되고, 밥이 되고, 떡이 되었다. 도토리로 어떻게 맛있는 묵을 만들었는지 강릉시 홍제동에 사는 91세 김옥자 어르신이 들려주신 비법을 공개한다.

벌레 먹은 것은 골라내고 깨끗한 도토리만 껍질을 벗겨 물에 불려야 돼요. 떫은맛이 빠지면 맷돌에 썩썩 갈아 주물러서 물을 쭉 빼요. 무거리는 버리고 물에 가라앉은 앙금 가루로 묵을 쒀요. 도토리 가루 한 컵이면 물 여섯 컵을 붓고 풀처럼 죽을 쒀서 푹 끓인 다음, 뚜껑을 닫고 남은 열로 시간을 두고 푹 찜을 들여 식히면 반들반들 부드러운 도토리묵이 되면서 맛이 있잖소.

도토리를 감자처럼 삶아 쿵쿵 찧어 뭉갠 다음 떠먹는 구람범벅

도 고소하고 맛있다. 떫은맛을 없애고 조금 달콤하게 먹으려면 설탕과 강낭콩을 넣고 푹 삶는다. 어릴 때는 설탕이 귀해 사카린을 넣기도 했다. 그때 먹었던 달콤한 구람범벅의 맛은 지금도 잊을 수 없다.

도토리는 떫은맛이 나는 게 흠이다. 하지만 껍질을 까서 물에 담가 두면 떫은맛이 줄어든다. 먹을 식량이 부족했던 시절, 결핍이 만든 지혜로운 음식이었다. 지금은 먹을 것이 흔해도 도토리가 귀한 대접을 받는 것은 몸에 좋은 건강식품으로 자리매김했기 때문이다.

취떡의 맛

가끔 꾸덕꾸덕하게 굳은 취떡을 구워 먹고 싶은 생각이 간절하다. 어린 날, 겨울철에 맛나게 먹었던 취떡은 자주 먹을 수 있는 떡이 아니었다. 설을 전후로 큰집이나 외갓집에 가야 먹을 수 있는 귀한 떡이었다.

취나물의 종류는 20여 가지다. 그중 수리취는 나물로도 먹지만 취나물 중 유일하게 떡으로도 만들어 먹는다. 수리취는 뒷면에 하얀털이 있어 분을 바른 것처럼 뒷면이 흰색이다. 수리취로 떡을 하면 쑥떡보다 연하고 색깔이 짙어 검은빛이 돈다. 특히 떡메로 쳐서 만든 밥알 인절미는 길쭉하게 빼서 들기름을 바르면 반드르르 윤이 나고 보기만 해도 고소한 냄새에 침이 먼저 고인다.

강릉에서는 단오 때 수리취떡을 먹으면 몸을 보양하고 나쁜 기운을 몰아낸다고 여긴다. 강릉단오제에 가면 시민들이 기부한 신주미로 만든 수리취떡을 무료로 나누어 준다. 길게 줄을 서서 수리취떡을 먹는 단오를 기다려 본다.

진짜 취떡은 겨울에 간식으로 먹을 때 가장 맛있다. 냉장고도 없던 시절, 기온이 낮은 광에 두었던 취떡은 꽝꽝 얼거나 딱딱하게 굳어 있었다. 외할머니는 화로에 석쇠를 올려 굳은 떡을 구워 주셨

고, 엄마는 프라이팬에 기름을 두르고 노릇노릇 구웠다. 기다리는 동안 익었는지 궁금함을 못 참아 급한 마음에 젓가락으로 쿡쿡 찔러도 보았다. 시간이 지나면 프라이팬의 취떡은 봉긋하게 부풀어 오르며 말랑하게 익었다. 고소한 기름이 밴 바깥 부분을 먼저 뜯어 먹으면 바삭했다. 부드럽게 익은 속은 치즈처럼 쭉쭉 늘어나 쫀득쫀득하면서 맛이 좋아 아껴 먹기도 했다. 외갓집 할머니 방 화롯가에 앉아 조청에 찍어 먹던 취떡 맛은 잊을 수 없다.

취떡을 주시던 외할머니도 엄마도 이젠 곁에 없다. 그 시절 취떡 맛을 그리워할 뿐이다. 인생도 그렇게 지나가나 보다.

곶감약밥

과거의 추억은 소중하게 보관했다가 필요할 때마다 열어 보는 보물상자와도 같다. 어릴 적 정월 대보름날에 많은 추억이 있지만, 이제는 정월 대보름이 4대 명절이었다는 것도 잊은 지 오래다. 도시화와 개인주의, 안전이란 명목으로 쥐불놀이는 물론 더위팔기나 집마다 각설이타령을 하며 오곡밥을 얻어먹으러 다니던 놀이도 없어진 지 오래되었다.

정월 대보름이나 경사스러운 날 먹었던 음식 중 하나로 약밥이 있다. 강릉에서 만들어 먹었던 전통 약밥에는 곶감을 빼지 않고 넣었다. 알이 굵은 대추의 진액을 추출한 대추고와, 물에 불린 곶감을 조물조물 짓이겨 걸쭉해진 액을, 고슬고슬 쪄 낸 찹쌀에 섞어 버무렸다. 묵은 간장과 꿀로 간을 맞추고, 참기름을 넣어 풍미를 더한 다음, 대추·밤·잣을 듬뿍 넣고 다시 시루에 푹 쪄서 먹었다.

근처 시장 떡집에서도 약밥을 판다. 밤이나 대추도 거의 들어가지 않고 대충 색을 내서 만들어 놓은 약밥을 보면 시시해서 고개를 돌리게 된다. 요즘 편하게 전기밥솥에 안쳐 찐 약밥은 질어서, 고슬고슬하고 쫀득한 전통 약밥 맛과는 비교가 안 된다.

명절이나 특별한 날은 아니었지만, 예전 어른들이 해 주시던 약

밥 맛이 그리워 곶감을 넣고 약밥을 쪘다. 동생과 친구를 불러 함
께 먹고 조금씩 싸 주었다. 보약처럼 영양 가득한 약밥을 나눌 수
있어서 마음도 넉넉해지는 것 같았다.

　향수의 심리적 효능과 경제적 가치에 대하여《추억에 관한 모든
것》을 쓴 독일 작가 다니엘 레티히는 이렇게 말한다.

　"향수는 두려움과 불안, 방향 상실이 지배하는 시대에 나타나는
증상이다. 그리고 향수는 이런 부정적인 감정을 쫓아내는 일종의
정신적인 약이다."

　때때로 지난 시절을 추억하며 떠오르는 음식을 함께 먹으면 마
음이 넉넉해지고 세상사는 재미도 배가 된다. 추억과 향수라는 약

을 먹고 다시금 힘을 내 살아간다. 그래서 우리는 함께 음식을 먹고 그리움을 나누고 의미를 부여하며 위로를 받나 보다.

옥수수 범벅

지금은 여름철 별미이지만, 옥수수가 허기를 달래 주던 고마운 한 끼였던 시절이 있었다. 쌀 재배가 어려운 척박한 산간 지방에서 잘 자랐던 옥수수는 귀한 곡식이었다. 과거 북한 지역의 굶주림을 해결하는 곡식도 옥수수였다.

2011년 다큐 동화 『6·25를 아니, 애들아?』 출간 준비를 하다가 함경북도 성진 출신인 실향민 최영환(당시 81세) 씨를 만났다. 그는 6·25 전생 당시 특수부대 요원으로, 고향에 두고 온 부모 형제에 대한 미안함과 그리움에 잠 못 이루는 날이 많았다. 그러다 1989년 중국 연변에서 온 조선족 교포를 통해 북한에 있는 가족과 기적처럼 소식을 나누게 되었다. 중국에 가서 북한에서 온 동생과 만난 후 집으로 돌아온 최영환 씨는 북에 있는 가족들을 생각하며 식량을 보내기로 결심했다. 교회 목사였던 그는 개인 돈과 뜻있는 교인들의 후원금을 보태 식량을 구입했다. 그가 북한에 보낸 식량은 옥수숫가루였다. 사실 북에 있는 동생은 옥수숫가루보다 달러를 받기를 더 원했지만, 먹을 게 없어 풀뿌리로 연명하며 고통받는 북한 주민을 함께 먹이는 것이 더 중요하다고 생각했다.

그는 일부러 빻은 지 3개월이 지나면 품질이 떨어져 못 먹게 되

는 옥수숫가루를 보냈다. 동생네 가족만을 위함이 아니라, 굶주리는 북한 동포들과 나눠 먹도록 최영환 씨가 나름대로 세웠던 규정이자 나름의 배려였다. 이제 세월이 지나 그분도 이 세상을 떠났을 테고 북에 남은 가족들은 어찌 살고 있을지 알 수 없지만, 북한 동포들의 배고픔을 외면하지 않았던 그 마음만은 오롯하게 기억한다.

강원도 산간 지방에 살았던 사람들도 예전에 쌀이 부족했을 때 탈곡해 말린 옥수수의 껍질을 벗겨 쌀 대신 밥을 해 먹었다. 껍질 벗긴 마른 옥수수에 물을 좀 더 부어 팥이나 강낭콩을 듬뿍 넣고 만들어 준 엄마의 옥수수범벅은 겨울밤의 별미였다. 가마솥에 푹 끓인 옥수수의 되직한 국물은 죽처럼 부드럽게 목으로 넘어갔다. 찰옥수수 알갱이는 쫀득하고 사각사각한 식감이 살아 있었다. 달콤하게 먹으려 넣었던 '특 당원', '뉴 슈가' 같은 마법의 가루는 인위적인 단맛이어도 좋았다.

간혹 강릉의 식당에서는 디저트로 옥수수범벅을 내놓기도 한다. 어찌나 반가운지 제일 먼저 숟가락이 간다. 구수하고 담백하고 탱글탱글 입안에서 씹히는 그 맛은 예전에 엄마가 해 주시던 그 맛이었다.

어릴 적 여름밤에 모깃불 피워 놓고 평상에 누워 옥수수를 뜯어 먹곤 했다. 누워서 쏟아질 듯한 별무리를 보고 있노라면 별똥별이 길게 꼬리를 끌며 사라지던 모습도 추억처럼 아련하다. 갓 따온 싱싱한 옥수수를 삶아 먹을 수 있는 여름이 기다려진다.

감자붕생이

감자붕생이를 떠올리면 할머니의 삼베 적삼에서 나던 향이 생각난다. 땀과 흙냄새가 배인 삼베 적삼은 투박하며 담백한 감자붕생이 맛과 닮았다. 예전에 외갓집에서 먹었던 감자붕생이 맛이 그리워, 서툴지만 그때 어깨너머로 배웠던 기억을 되살려 만들어 봤다. 감자를 갈고, 삶고, 섞은 다음 찜을 들여정성으로 만든 음식이다.

❶ 깎은 감자 3~4개를 충분히 잠길 정도의 물을 붓고 삶는다. 단맛이 나는 설탕과 소금을 조금 넣어 간을 맞추고 15~20분 정도 익힌다.

❷ 또 다른 감자 2개 정도를 껍질을 벗긴 다음 깨끗하게 씻어 강판에 갈아 놓는다.

❸ 베보자기나 체에 갈은 감자를 내려 건더기는 물기 없이 짠다.

❹ 감자를 거른 물은 따로 한참 두었다가 하얀 앙금이 가라앉을 때까지 기다린다.

❺ 하얀 앙금 위에 생긴 윗물은 따라 버리고 건더기와 앙금을 고루 섞고 강낭콩도 넣어 한 덩어리로 만들어 놓는다.

❻ ①에서 익혀 놓은 감자에 ⑤의 덩어리를 납작하게 뚝뚝 뜯어서 넣고 함께 찐 다음 섞으면 완성.

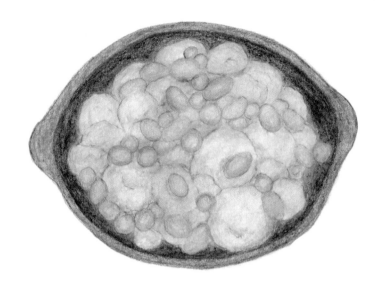

감자 가루나 밀가루 반죽을 넣어서 만든 감자붕생이도 맛있다. 생감자를 갈아 넣는 대신 감자 가루나 밀가루로 반죽하는데, 소금 간을 약간 한 후 알록달록한 줄콩도 넣고 버무려 감자 위에 올린다. 뚜껑을 닫은 다음 10분 정도만 익히면 담백하고 쫄깃한 감자붕생이가 완성된다. 이때 주의할 점은 감자 가루는 반드시 익반죽해야 하는데, 그릇에 감자 가루를 넣고 소금 간을 해 팔팔 끓인 물을 넣은 후 반죽을 시작하면 된다. 감자 가루는 찬물로 하면 반죽이 안 되고 부서지지만, 뜨거운 물을 부어 반죽하면 가루가 몽글몽글 뭉쳐지면서 반죽이 잘된다. 이때 반투명한 회색빛으로 변하는데 계속 손바닥으로 치대면 몽우리가 없어진다. 매끈하고 폭신한 감자 가루 반죽은 전분 특유의 뽀드득한 감촉이 살아 있다.

반죽을 뚝뚝 뜯어 감자를 삶던 냄비에 넣고 찐 다음 흔들어 주면 포슬포슬해진 감자와 어울려 더 먹음직스러운 감자붕생이가 된다. 특별하지는 않았지만 익숙한 맛에 포만감을 느끼던 그 시간이 그립다.

뭉생이떡

뭉생이떡은 대표적인 강릉 지역의 떡으로, 집안 행사가 있을 때나 특별한 날을 기념해 만들어 먹었다. 뭉생이떡은 찹쌀가루나 멥쌀가루에 호박고지, 서리태콩, 밤, 대추, 팥, 곶감, 감 껍질, 강낭콩, 쑥 등 온갖 재료를 넣고 버무려 쪄 낸 떡이다. 뭉숭이떡이라고도 하는데, 뭉생이라는 이름이 어떻게 생겼는지 정확히 알 수 없으나, 갖은 재료를 뭉술뭉술 뒤섞어 쪄 낸 떡이라 그런 것은 아닐까 생각한다.

어떤 재료로 만드냐에 따라 이름이 달라지는데, 가장 기본인 멥쌀로 만들면 그냥 뭉생이떡, 찹쌀로 하면 찰뭉생이, 감자를 갈아 만들면 감자뭉생이떡이라 부른다. 다른 지역에서 쌀가루를 체에 내려 시루에 찌는 시루떡이나 설기떡과 닮았다고 보면 된다.

뭉생이떡이 다른 지역 떡과 다른 점은 재료를 아끼지 않고 듬뿍 넣는다는 점이다. 불린 콩과 호박고지는 설탕에 재워 두었다가 넣으면 단맛이 스며들어 씹히는 식감도 좋고 맛도 더 좋다. 봄에는 파릇한 쑥을 더 많이 넣어 찌면 알록달록해져서 더욱 먹음직스러운 뭉생이떡이 된다.

못밥 밥상에도 빠지지 않았던 것이 뭉생이떡이다. 옛날 농촌에

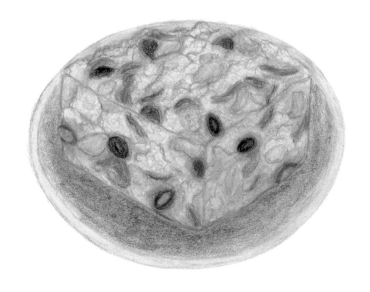

서는 모내기 철이면 힘든 노동의 효율성을 높이기 위해 일꾼들에게 맛있는 못밥상을 차려 주었다. 악귀를 몰아내고 풍년을 기원하는 의미로 삶은 팥을 술술 뿌려 수북이 담은 못밥과, 고단백 식품인 고사리꽁치찜·문어·두부전·쇠미역튀김·깊은 산에서 뜯어온 누리대나물까지 푸짐하게 차려 일꾼들을 대접했다. 영양 가득한 뭉생이떡에는 모든 우주의 양분이 모여 있는 듯하다.

뭉생이떡이나 팥시루떡을 사다 드리면 맛있게 드시던 엄마도 먼 길 떠난 지 오래다. 살아계실 때 못해 드린 것을 생각하면 미안함과 죄책감에 꾹꾹 눌러 왔던 그리움의 소리들도 내 안에서 아우성을 친다.

닫는 글

강릉 음식에 대해 관심을 갖게 된 것은 지역민에게는 익숙한 음식을 낯설게 보는 외지인의 시선이었다. 마침 코로나 팬데믹 시기에 시간적 여유가 있어 자료를 조사하고 글로 정리할 수 있었다. 오래전에 먹어 봤던 음식이거나, 지금은 우리 곁에서 사라진 음식이라 하더라도 몸이 기억하고 있는 오감이 그 맛을 상기시켰다. 누군가 알아주는 사람이 없어도 사계절 강릉 밥상을 기록하려 노력했다. 더 많은 사람들을 만나고 이야기를 들었으면 좋았을 텐데, 아쉽지만 다음을 기약한다. 색연필로 어설프지만 강릉 음식을 주제로 그림을 그리며 행복했고 시간 가는 줄 몰랐다.

강릉시는 2020년 12월 유네스코 한국위원회에 '유네스코 창의도시 네트워크(UCCN)' 예비회원 도시 음식 분야에 가입 신청해 2021년 1월 5일에 승인을 받았다. 유네스코 창의도시 네트워크란, 도시의 문화 다양성 증진 및 지속 가능한 발전을 목표로 삼아 2004년에 시작된 국제 협의체이다. 현재 총 93개국 295개의 도시가 총 7개(공예와 민속예술, 음악, 디자인, 문학, 미식, 미디어아트, 영화) 분야에 가입되어 있다. 강릉시는 지속적인 노력 끝에 2023년 10월 31일, 유엔 '세계 도시의 날'을 맞아 유네스코 창의도시 네트워크 미식 분야 창의도시로 최종 선정되었다. 이를 계기로 강릉 음식에 대한 연구는 더욱 활발해질 것이라 기대한다.

사계절 강릉 밥상에 대한 좀 더 체계적인 연구와 관심도 필요하다. 강릉의 전통 음식은 척박한 자연환경 속 한정적인 식재료에서 나온 창의적인 훌륭한 유산이다. 게다가 요즘은 커피, 짬뽕, 수제 맥주와 전통주 같은 음식들도 강릉을 대표하는 미식 문화로 자리 잡고 있다. 음식은 이제 관광 산업의 부속품이 아니라 핵심 관광 자원이 되는 시대가 되었다. 따라서 강릉 음식 및 식재료에 대한 좀 더 체계적인 연구와 지속 가능한 경쟁력을 유지하는 게 무엇보다 중요하다.

자신만의 비법을 담은 강릉 음식 조리법을 알려 주신 분들께도 고마운 마음을 전한다. 이분들이 차려 주신 사계절 강릉 밥상에는 강릉의 땅과 바다, 바람과 햇살이 키운 생명의 맛이 스며 있다. 강릉 밥상 앞에 오순도순 둘러앉아 온기를 나누며 보글보글 집밥의 향기에 취하고 싶다. 친정엄마가 해 주셨던 붉은 고춧가루 국물이 진득하던 서거리깍두기의 시원한 맛, 삶은 문어에 시원하고 달콤한 배를 썰어 넣고 갖은 양념을 버무려 주셨던 시어머니의 손맛, 이제는 다시 맛볼 수 없는 그리운 맛이다.